纳米纤维素纤维的制备及其应用的研究

李 萌 著

中国原子能出版社

China Atomic Energy Press

图书在版编目（CIP）数据

纳米纤维素纤维的制备及其应用的研究 / 李萌著
. --北京：中国原子能出版社，2023.11
　ISBN 978-7-5221-3258-7

　Ⅰ. ①纳…　Ⅱ. ①李…　Ⅲ. ①纳米材料–纤维素–制
备–研究　Ⅳ. ①TB383

中国国家版本馆 CIP 数据核字（2023）第 256925 号

纳米纤维素纤维的制备及其应用的研究

出版发行	中国原子能出版社（北京市海淀区阜成路 43 号　100048）
责任编辑	张　磊
责任印制	赵　明
印　　刷	北京天恒嘉业印刷有限公司
经　　销	全国新华书店
开　　本	787 mm×1092 mm　1/16
印　　张	9.875
字　　数	187 千字
版　　次	2023 年 11 月第 1 版　2023 年 11 月第 1 次印刷
书　　号	ISBN 978-7-5221-3258-7　　　　定　价　**75.00 元**

李萌，男，汉族，1988年9月出生，毕业于中国农业大学工学院农业工程专业，工学博士，主要从事生物资源的综合利用、可降解材料的应用研究工作。现就职于赤峰学院，副教授。主持省部级项目 3 项，先后在 *Industrial Crop and Products*、*Carbohydrate Polymers*、*Basic & Clinical Pharmacology & Toxicology CyTA-Journal of Food* 等权威学术刊物上发表论文 10 余篇，2020 年荣获内蒙古自治区"草原英才工程"青年创新创业人才。

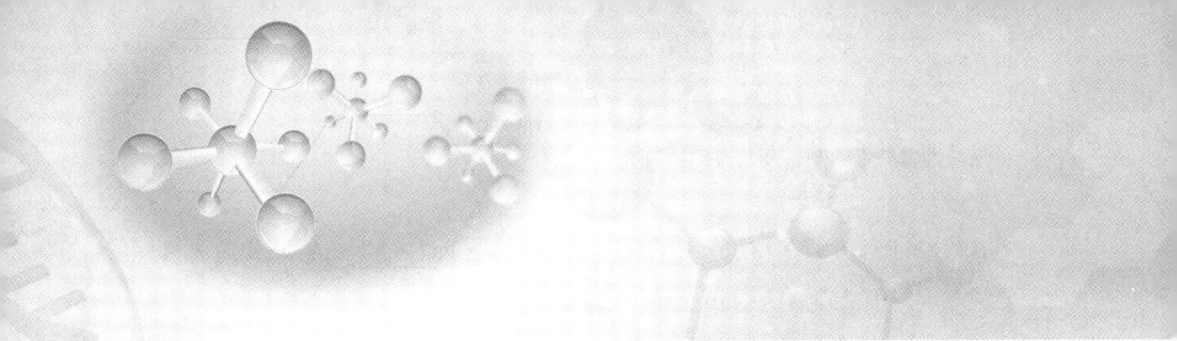

前　言

　　纳米纤维素纤维是一种从天然纤维素中提取出来的纳米级的生物质基高分子材料，它不仅具有来源广、价格低廉、无毒、生物相容性好、高杨氏模量、高拉伸强度、高结晶度和可生物降解等优点，还兼具纳米材料的高比表面积、高反应活性、小尺寸效应、量子隧道效应等特性。因此，纳米纤维素纤维已成为当前的研究热点。

　　本书以甜菜渣为原料，结合高压均质技术和化学处理制备了纳米纤维素纤维，并对其性能进行分析。研究结果表明，化学处理能有效地去除原料中的果胶、半纤维素和木质素等无定形区的物质，半纤维素含量从 25.4%降到了 7.01%，木质素被彻底消除了，纤维素含量从 44.96%增加到了 82.83%。高压均质处理能够彻底破坏甜菜渣的细胞结构，成功地让纳米纤维素纤维从细胞壁中释放出来，其直径均小于 70 nm。纳米纤维素纤维的结晶度从 35.1%提高到了 77.89%，热降解温度从 224.4 ℃提升到了 272.7 ℃。

　　通过溶液铸膜法制得塑性淀粉/纳米纤维素纤维复合膜（PS/CNFs），研究纳米纤维素纤维对淀粉膜的表观形貌、结晶度、亲水性、透湿性和热稳定性等理化性能的影响。研究结果表明，当纳米纤维素纤维含量小于或者等于 15%时，能够非常均匀地分布在淀粉基体中，这是因为淀粉和塑化剂与纳米纤维素纤维有着很好的相容性；当纳米纤维素纤维含量达到 20%时，它的分散性能会变差，出现了很多的团聚现象。纳米纤维素纤维能够提高淀粉膜的结晶度和玻璃化转变温度（从 39.56 ℃升到了 57.35 ℃），同时显著地降低了淀粉膜的亲水性（接触角从 49.46°增大到 88.57°）、透湿性（透湿系数从 4.734

$\times 10^{-7}$ g・Pa^{-1}・h^{-1}・m^{-1} 降到了 3.001×10^{-7} g・Pa^{-1}・h^{-1}・m^{-1}）和透光性（吸光度值从 101.253 AU・nm 升到了 218.596 AU・nm）。

通过将纳米纤维素纤维作为填料来进行考察，研究了纳米纤维素纤维对 PS/CNFs 膜的流变学特性的影响。研究结果表明，当纳米纤维素纤维的含量小于或者等于 15%时，PS/CNFs 膜的储能模量和损耗模量均随纳米纤维素纤维含量的增加而增大，而蠕变形变、不可恢复形变和蠕变柔量均随纳米纤维素纤维浓度的增加而减小；Power law 模型和 Burgers' 模型能够对实验数据进行很好的拟合（$R^2 > 0.981$）。

利用微波辅助化学处理的方法制备了纤维素纤维，并对其化学成分和理化特性进行了分析。研究结果表明，纤维素纤维的直径在 10～20 μm 之间，半纤维素的含量从 42.25%降到了 10.68%，木质素的含量从 10.78%降到了 2.21%，而纤维素的含量却从 40.16%提升到了 86.18%；结晶指数从 32.7%增加到了 73%，热分解温度从 235 ℃提升到了 262 ℃。

根据单因素试验结果，通过正交试验设计，以甜菜渣纤维素含量为指标，研究了甜菜渣纤维素提取的最佳工艺条件：固液比为 1：15，氢氧化钠溶液的质量分数为 4%，提取时间为 2 h，提取温度为 90 ℃，在此工艺下，甜菜渣纤维素含量达到了 57.4%。通过方差分析可以看出，在 α=0.05 水平下，固液比、提取时间和提取温度对甜菜渣纤维素提取率有显著影响，而氢氧化钠浓度对甜菜渣纤维素提取率的影响不显著。

实验结果表明，染料浓度 pH、染料溶液初始浓度、吸附时间对甜菜渣纤维素吸附刚果红有很大的影响。在 pH 为 7、初始浓度为 300 mg/L，吸附剂对刚果红的吸附效果较好。由动力学等温吸附模型和热力学等温吸附模型分析表明，该纤维素对刚果红的吸附符合二级动力学方程和 Langmuir 等温模型，所以该吸附为化学单分子吸附。

实验主要利用甜菜渣为原料制成纤维素，将纤维素进行化学改性，利用共沉淀法将纤维素制成磁性纤维素，接着用三乙烯四胺将其制成氨化的磁性纤维素。通过改变曙红 B 溶液的 pH、初始浓度、吸附时间、吸附剂量还有反应的温度，探究氨化磁性纤维素对曙红 B 的吸附。实验结果表明，氨化磁性纤维素吸附曙红 B 符合二级动力学模型和 Langmuir 等温吸附模型,吸附反应探究的最佳条件为:在 40 ℃时,曙红 B 溶液的初始浓度为 400 mg/L、pH 为 3、添加吸附剂的量为 0.6 g/L、反应时间为 7 h。

　　本书选题新颖独到、结构科学合理、内容丰富详实,对于纳米纤维素纤维领域的研究工作具有一定的参考价值,可作为相关专业科研学者和工作人员的参考用书。

　　作者在本书的写作过程中,参考引用了许多国内外学者的相关研究成果,也得到了许多专家和同行的帮助和支持,在此表示诚挚的感谢。由于作者的专业领域和实验环境所限,加之作者研究水平有限,本书难以做到全面系统,疏漏和错误实所难免,敬请读者批评赐教。

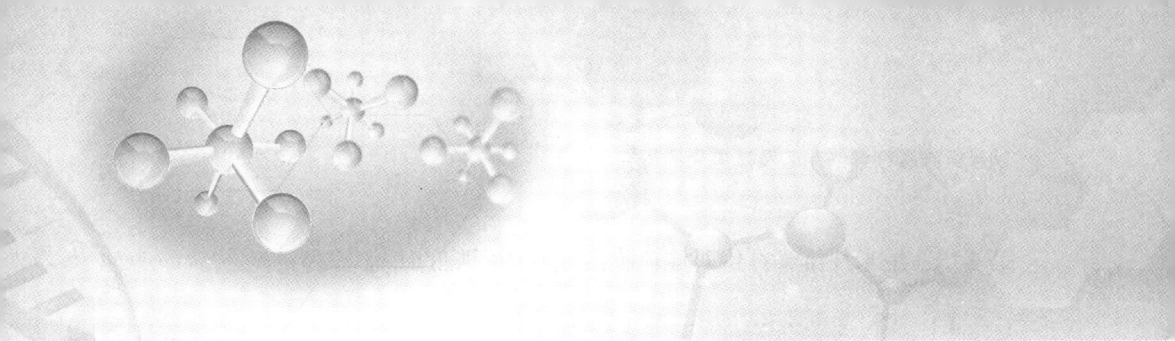

目　录

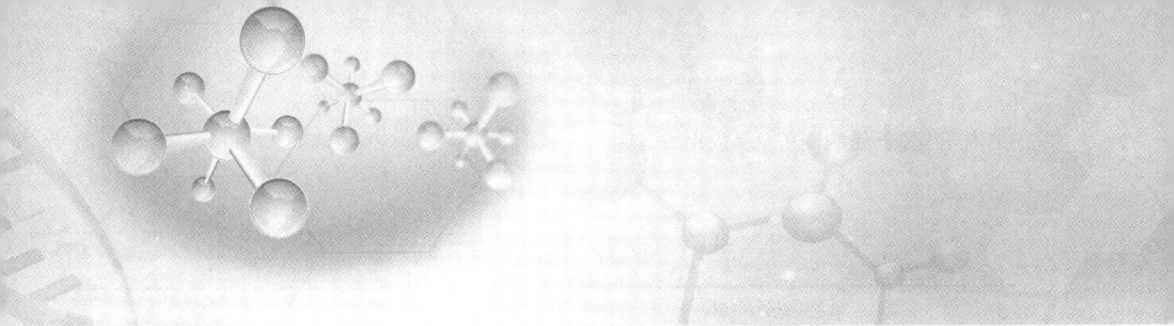

第1章 绪 论

1.1 研究背景与研究意义

众所周知，现代高分子材料是材料工业的重要支柱，目前工业上所使用的高分子材料绝大多数是基于石化产品合成的。但是，随着世界能源危机的不断加剧，不可再生资源的日渐枯竭，再加上石油基材料的大量使用对自然环境造成的严重污染和破坏，已对人类赖以生存的环境造成了严重的威胁（张国有，2009）。因此，寻求高效清洁的新型资源，特别是以天然可再生生物质资源为原料，直接生产环境友好型高分子材料，成为全世界应对能源危机和环境污染这一挑战的重要课题（曲音波，1999）。

生物质是地球上分布最广泛的物质，它是一种可再生资源，取之不尽，用之不竭。生物质资源包括各种天然资源和天然资源派生的资源，其再生速度为1 640亿吨/年（蒋剑春，2002）。纤维素是自然界中分布最广、蕴藏量最丰富的天然有机物，主要存在于高等植物的细胞壁中（Bledzki et al，2010；Krishnaprasad et al，2009）。例如，棉花的纤维素含量几乎达到100%，是自然界中最纯的纤维素来源；一般木材含有 40%～50%的纤维素，同时还含有10%～30%的半纤维素和20%～30%的木质素；农作物废弃物（如麦秆、稻草、甘蔗渣、甜菜渣等）也是纤维素的重要来源。我国各类农作物秸秆年产量见表1-1（李伟等，2000）。

表 1-1 我国各类农作物秸秆年产量

农作物秸秆种类	产量（亿吨）
稻草	2.3
玉米秸秆	2.2
豆类和秋杂粮秸秆	1.0
花生和薯类藤蔓、甜菜叶	1.0

纳米材料是近年来新兴的一种特殊材料，具有比表面积大、体积效应小、反应活性高、量子隧道和介电限域等特点。目前纳米材料的研究主要集中在金属纳米材料（Vroege et al，2006；Gabriel et al，2000；Davidson et al，1997）、半导体纳米材料（Didenko et al，2005；Li，2003；Li et al，2002）、碳纳米管（Wang et al，2006；Lee et al，2001；Iijima，1991）和生物材料（Cui et al，2005；Milkowski et al，2004；Ramzi et al，1999；Inomata et al，1998；Iijima，1991；Stupp et al，1997）等方面。近年来，科研工作者通过一系列的化学物理手段将天然纤维素制成纳米纤维素纤维。与其他纳米材料相比，纳米纤维素纤维具有高纯度、高纵横比、高杨氏模量、高结晶度、高强度和较低的热膨胀系数等特性外，同时具有材质轻、可生物降解和可再生等特性。因此，纳米纤维素纤维在众多领域中具有广阔的应用前景。

1.2 纤维素

1.2.1 纤维素的化学结构

1838 年，法国科学家安塞姆·佩恩（Anselme Payen）用硝酸和氢氧化钠溶液交替处理木材后制得一种化合物，并将其命名为纤维素（Heuser，1944）。直到 1932 年，德国化学家赫尔曼·施陶丁格（Hermann Staudinger））才确定

了纤维素的聚合物形式（Turner et al，2004），即很多 D-吡喃葡萄糖环彼此以
β-1，4 糖苷键联结而成的线性大分子多糖（图 1-1），其化学结构式为 $(C_6H_{10}O_5)_n$，
其中 n 为聚合度，表示纤维素中葡萄糖基的数目，碳、氢、氧的含量分别为
44.44%、6.17%、49.39%。

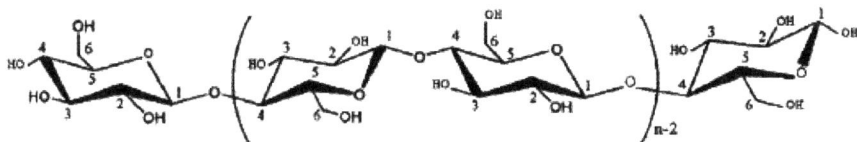

图 1-1　纤维素的化学结构

1.2.2　纤维素的晶体结构

　　由纤维素的化学结构可知，吡喃葡萄糖基环上有大量极性很强的羟基存
在，这非常有利于分子内和分子间氢键的形成，使得这种半刚性的分子链极
易聚集，从而形成结晶性的超分子结构和原纤结构（詹怀宇，2005）。纤维素
分子间形成的氢键，不仅增强了纤维素分子链的刚性，而且使分子链紧密排
列成高测序的结晶区（图 1-2）；同时，氢键也存在分子链疏松堆砌的无定形
区。在结晶区内，分子链取向好，分子排列整齐、有规则，密度大，分子间
氢键多，具有清晰的 X 射线衍射图；在无定形区内，分子链取向差，分子排
列疏松、无规则，分子间结合力弱，强度差，没有特定的 X 射线衍射图。结
晶区和无定形区的共同存在，对纤维素的物理化学性质和反应性能有着非常
大的影响。在植物中，纤维素的结晶区和无定形区是通过无数的氢键和范德
华力相互交织在一起，进而形成植物的细胞壁。
　　纤维素存在六种结晶变体，即纤维素Ⅰ、Ⅱ、Ⅲ₁、Ⅲ₁₁、Ⅳ、Ⅴ，这些
结晶变体的化学成分相同，但是各自有不同的晶胞结构，这些都会严重影响
到纤维素的物理性能和反应活性（高洁和汤列贵，1996）。天然纤维素一般属
于纤维素Ⅰ型，如细菌纤维和高等植物中的纤维素；纤维素Ⅱ是目前使用

3

最多的纤维素形式，可以通过纤维素 I 经溶液再生或者丝光化反应得到
（Langan et al，2001）；纤维素Ⅲ又名氨纤维素，是用液氨（−80 ℃）或者有
机胺类化合物（如乙二胺）处理纤维素得到的。由纤维素 I 为原料得到的纤
维素Ⅲ定义为Ⅲ₁，纤维素Ⅲ₁可以在一定条件下转换为纤维素 I（Sarko et al，
1976）；由纤维素Ⅱ为原料制备的纤维素Ⅲ定义为Ⅲ₁ᵢ。纤维素Ⅳ是纤维素的
第五种结晶变体，又称温纤维素，它是以纤维素 I，Ⅱ，Ⅲ为原料经过热处
理后得到的；纤维素Ⅴ是纤维素的第六种结晶变体，它是用稀盐酸水解纤维
素 I 和纤维素Ⅱ，再用热水处理得到的（Kontturi et al，2005）。

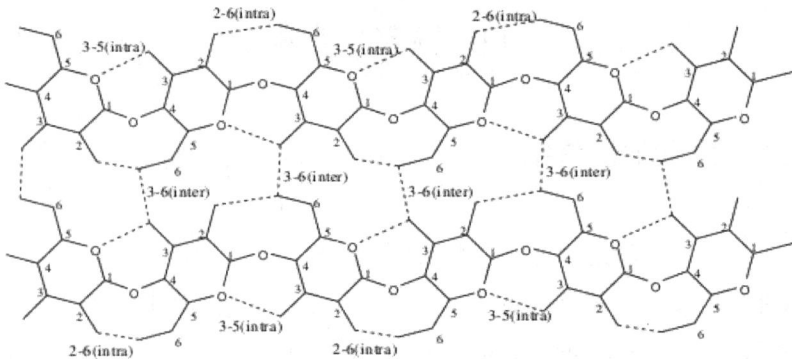

图 1-2　天然纤维素分子内与分子间的氢键

纤维素的结晶度与它的来源以及处理方式有关，一般采用 X 射线衍射进
行测定。不同纤维素的结晶度见表 1-2（Fink et al，1994）。

表 1-2　几种纤维素及再生纤维素的结晶度

样品	制备方法	结晶度（%）
纤维素 I	不同来源的棉短绒（粗磨漂白）	56～63
纤维素 I	不同来源的亚硫酸盐溶解木浆	50～56
纤维素 I	硫酸盐溶解木浆（水解）	46
纤维素Ⅱ	不同来源的黏胶纤维	27～40
纤维素Ⅱ	不同来源的再生纤维素	40～45
纤维素Ⅱ长丝	N-甲基吗啉-N-氧化物（NMMO）体系在水中纺丝（实验品）	42
纤维素粉	水解的云杉亚硫酸盐木浆	54

1.3 纳米微晶纤维素的性质

1.3.1 纳米微晶纤维素的形貌特征

根据其性状的不同，纳米微晶纤维素可分为纳米纤维素晶须和纳米纤维素纤维。天然纤维素的结晶类型为纤维素Ⅰ，有研究表明纳米纤维素晶须和纳米纤维素纤维的结晶区都保持了纤维素Ⅰ的结晶变体，但是它们的结晶度明显高于天然纤维素的结晶度（Nasri-Nasrabadi et al，2014；Cranston et al，2006），这是由于一系列的物理化学处理溶解了原样品中的无定形区，从而导致结晶区所占比例增大造成的。

Terech等人对动物纤维素晶体的微观结构进行了表征，认为这些纤维素晶体呈长棒状，长度范围为100 nm到几微米，横截面呈矩形，尺寸为88×182 Å，其水悬浮液在一定浓度范围内是各向同性的（Terech et al，1999）。Tonoli等人对桉木纳米纤维素纤维的微观结构进行了分析和表征（图1-3），纳米纤维素纤维的直径分布范围为几纳米到 50 nm，长度范围为 200 nm～2.5 μm（Tonoli et al，2012）。纳米纤维素纤维长径比（L/D）变化范围非常大，这主要取决于原料纤维素的种类和物理化学处理方法及其条件，比如超声时间和功率、酸的种类和浓度、酸水解时间和温度等。

原料的种类对纳米纤维素的尺寸有着非常大的影响，不同来源纳米纤维素纤维的长度和直径见表1-3（Gardner et.al，2008）。

表1-3 不同来源的纳米纤维素晶体长度比较

纤维素来源	长度	横截面（nm）
被囊动物	100nm～几微米	15
海藻	>1 000 nm	10～20

纤维素来源	长度	横截面（nm）
细菌	100nm～几微米	5～10 至 30～50
麦秆	220 nm	5
棉	220～350 nm	5～15
木材	100～300 nm	3～5
甜菜渣	210 nm	15

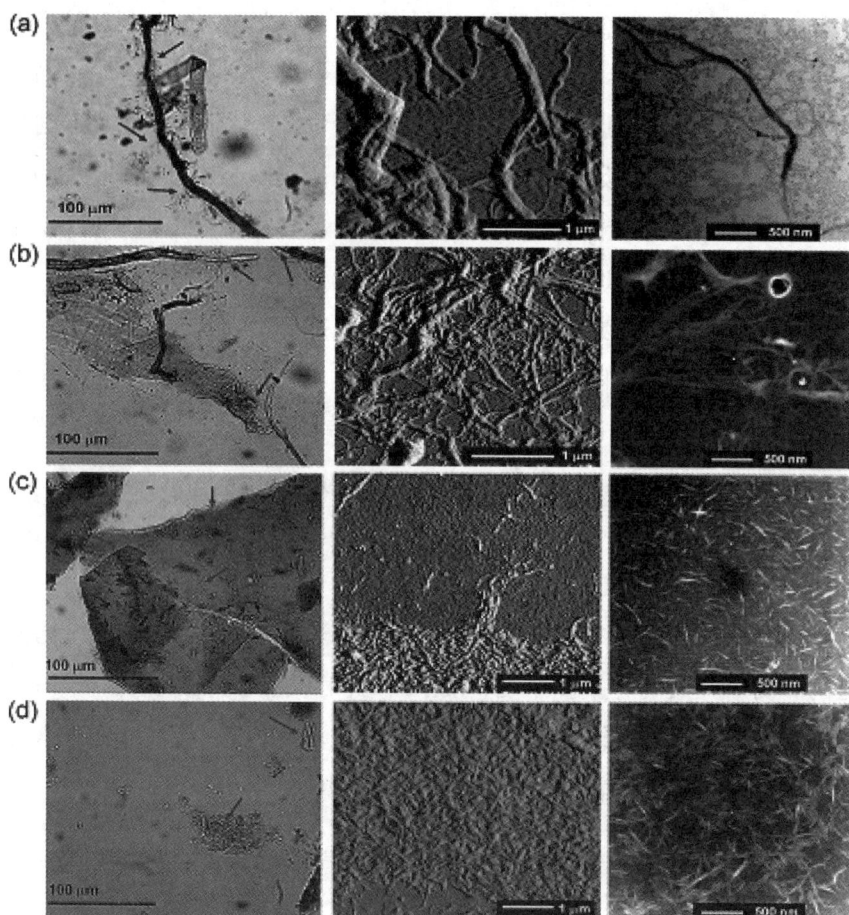

图 1-3　不同处理阶段微纤维和纳米纤维素纤维的 OM 图（左）、AFM 图（中）和 STEM 图（右）：（a）精制后的微纤维丝；（b）超声后得到的微晶纤维素纤维；（c）和（d）水解 30 min 和 60 min 的纳米纤维素晶须

1.3.2 纳米微晶纤维素的强度性质

纳米微晶纤维素不仅硬度比较大，而且还具有较高的强度。纳米微晶纤维素和金属以及一些高分子材料的强度对比见表 1-4（Hamad，2006）。

表 1-4 纳米纤维素纤维相对于金属和聚合物材料的性能

材料	拉伸强度（MPa）	弹性模量（MPa）
纳米纤维素晶体	10 000	150
302 不锈钢	1 280	210
铝合金 380 和 LM6	330	71
氧化锆	240	150
添加 20%SiC 的铝	593	121
低密度聚乙烯	9	0.25
添加 30%玻璃纤维的尼龙 66	186	9
加碳环氧基树脂	503	65

从表 1-4 中的数据可以看出，纳米微晶纤维素比一般的金属以及一些高分子材料具有更加优越的强度性质，这是它在各种复合材料领域中应用的理论基础。

1.3.3 纳米微晶纤维素的热稳定性

Kaushik 等人的研究发现，纳米纤维素纤维的热降解温度比原料纤维素要高很多。经过化学处理处理后，麦秆纤维的热稳定性明显提高了（图 1-4），这是因为麦秆中的绝大多数的果胶、半纤维素在化学处理过程中被溶解了，同时纤维素排列更加有序和紧凑了。而经过高剪切后，麦秆纤维的热稳定性进一步得到了提高，这是因为其更高的结晶度导致了更高的热降解温度（Kaushik et al，2011）。

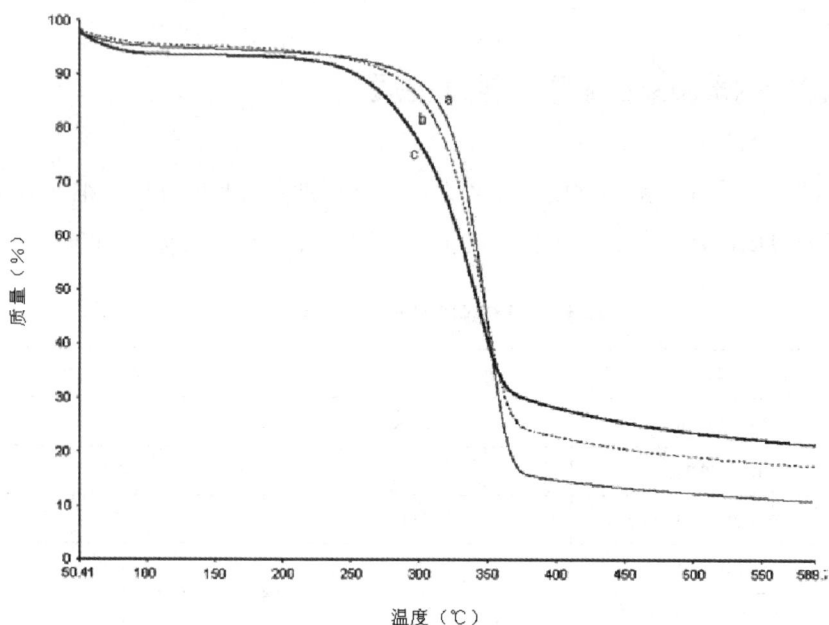

图 1-4　热失重曲线

（a）机械处理后的纤维；（b）酸解后的纤维；（c）原麦秆纤维

1.4　纳米微晶纤维素的制备

1.4.1　纳米微晶纤维素的原料来源

　　纳米尺寸的纤维素纤维或者纤维素晶须可以从富含纤维素的生物质资源中提取出来，已有很多专家从木材（Nogi et al，2009）、稻草（Abe et al，2009）、棉花（de Morais Teixeira et al，2010）、大麻（Wang et al，2007）、剑麻（Morán et al，2008）、洋麻（Jonoobi et al，2010）、麦秆、豆壳（Alemdar et al，2008）、稻壳（Johar et al，2012）、甘薯渣（Lu et al，2013）和水草（Thiripura Sundari et al，2012）等农工业副产物中成功地提取出纳米纤维素纤维或者纳米纤维素晶须。

1.4.2 纳米微晶纤维素的制备

由于纤维素分子内和分子间存在极强的氢键作用，因此从天然纤维素中提取出纳米尺寸且具有高稳定性的纤维素晶体一直是纤维素领域中需要突破的难题。目前，纳米微晶纤维素可通过化学方法和机械方法处理天然纤维素纤维来制备。其中，化学方法主要包括酶水解法和酸水解法，通过酶水解法和酸水解法得到的纳米微晶纤维素主要呈胶状颗粒，它有多种不同的描述，例如纳米晶须、纳米晶体、纤维素微晶等。机械方法主要包括高剪切均质、碾磨、超声波和高压均质，通过机械方法制备的纳米微晶纤维素主要呈纤维状，一般称其为纳米纤维素纤维和纤维素微纤丝。

1.4.2.1 酶解法制备纳米微晶纤维素

酶解法一般针对木质纤维素和多种细菌纤维素，木质纤维素和细菌纤维素都要预先经过物理处理或者化学处理（如碾磨、蒸汽和酸、碱处理等），再用纤维素酶对其进行水解，控制好反应条件（如酶的用量、pH 值、反应时间和反应温度等），将酶解产物离心水洗，冷冻干燥后最终得到纳米微晶纤维素。

Hayashi 等人用纤维素酶水解刚毛藻纤维素制得了纳米纤维素纤维，并采用 X 射线衍射仪、电子衍射仪、傅里叶变换红外光谱仪（FTIR）、扫描电镜（SEM）以及原子力显微镜（AFM）等仪器对其理化性质和结构进行了表征（Hayashi et al，2005）。研究结果表明，酶解后的小组分的平均长度为 350 nm，具有很高的结晶度，且结晶区大部分由 Iβ 组成，可以作为增强剂添加到复合材料中以增加其机械性能。

纳米微晶纤维素的制备一般要利用纤维素外切酶和纤维素内切酶的协同作用（周建等，2006）。但是纤维素酶的协同作用顺序不是绝对的，且其水解机理还存在很多问题有待解决，如何精确地控制纤维素酶解程度，在提高纳米微晶纤维素得率的前提下，进一步提高水解速度，还有待于进一步研究。

1.4.2.2　酸水解法制备纳米微晶纤维素

纤维素的酸水解主要是指稀酸水解，稀酸主要是作用于无定形区，它不能将纤维素溶解，水解是在两相中进行，将无定形区溶解后剩下结晶区，从而得到结晶度高、结晶结构完整的纳米微晶纤维素（Mathew et al，2002；Beck-Candanedo et al，2005）。

1950 年，Rånby 等人用酸水解木浆和棉花，制得了纳米微晶纤维素。研究结果表明，棉花和木材纤维素由宽度约为 7 nm 的胶束组成，在超声波的作用下胶束能够被释放出来（Bondeson et al，2006）。后来 Frey-Wyssling 提出了新的理论，认为天然纤维素纤维的最小单元是微晶纤维素。Dong 等人用硫酸水解棉纤维原料，成功制备出了纳米微晶纤维素，并研究了硫酸浓度、酸浆比、水解时间、水解温度和超声波处理时长对纳米微晶纤维素性能的影响（Dong et al，1998）。Nancy 等人以剑麻为原料，用 65%的硫酸将漂白后的剑麻在 60 ℃下水解 15 min，成功地制得了直径为 4 nm、长度为 250 nm 的纳米微晶纤维素，长径比约为 60，且产量达到了 30%（Garcia De Rodriguez et al，2006）。Corrêa 等人分别用盐酸和硫酸对碱处理过的卡罗阿叶纤维进行酸解，并成功制备出纳米纤维素纤维（直径为 6～10 nm）。研究结果表明，盐酸处理过的样品相比于硫酸处理过的样品，表现出更好的热稳定性（Corrêa et al，2010）。

酸水解法制备纳米微晶纤维素常用的无机酸有硫酸、盐酸和磷酸，其中以硫酸的使用最为常见，也有人将硫酸和盐酸按照一定的比例混合使用，并且能获得较好的效果。天然纤维素在水解前一般都要用浓 NaOH 溶液对其进行预处理，以除去纤维表面的脂肪和蜡质物质，以增加纤维的可及性。

1.4.2.3　机械法制备纳米纤维素纤维

机械法主要是利用外力，如高剪切、碾磨、微射流、高压均质和超声波等物理方法将高等植物的细胞壁破坏，从而使其中的纳米纤维素纤维释放出来；或者是直接将天然纤维束直接破碎成纳米级别的纤维素纤维。但是在机械处理之前，通常需要对样品进行化学预处理（如酸、碱和漂白处理等），以除去木质纤维素中的脂肪、蜡质、果胶、半纤维素和木质素等无定形区的物质，从而提高其结晶度和热稳定性。

Kaushik 等人利用高剪切均质处理，将麦秆纤维高剪切 15 min，从而获得纳米级的纤维素纤维，平均直径为 30～40 nm，并用傅里叶变换红外光谱仪（FTIR）、X 射线衍射仪、热重分析仪、扫描电镜以及原子力显微镜等仪器对其理化性质和结构进行了表征（Kaushik et al，2011）。Siqueira 等人利用微射流机对剑麻纤维素纤维进行均质，最终得到纳米级微纤化纤维素，并成功应用在可生物降解的聚己内酯膜中，使其结晶度显著的增加了（Siqueira et al，2011）。Thiripura Sundari 等人以水葫芦为原料，化学处理后再对其进行高剪切、高强度冲击和球磨碾磨等机械处理，最后对样品进行冷冻粉碎和超声波处理，最终得到直径范围为 20～100 nm、长度为微米级的纳米纤维素纤维（Thiripura Sundari et al，2012）。

1.5 纳米微晶纤维素的应用

由于纳米微晶纤维素不但具有来源广、无毒、水不溶、可生物降解等纤维素的优点，还具有纳米颗粒的特性，如高比表面积、高反应活性、小尺寸效应和量子隧道效应等，同时还具有高杨氏模量、高拉伸强度和高结晶度，因此纳米微晶纤维素在增强复合材料、催化剂载体、过滤分离、药物载体等领域的应用前景非常广阔（Gao et al，2004；Iwamoto et al，2005；Jin et al，2011；Nogi et al，2008；Pääkkö et al，2008；Yano et al，2005）。

1.5.1 增强复合材料

Favier 等人的研究表明，纳米纤维素晶须的拉伸强度能达到 7 500 MPa，杨氏模量最高也能达到 140 GPa，比表面积为 150～250 m²/g，这些优越的性能使其成为目前可以利用的最佳天然材料（Favier et al，1995）；同时，纳米纤维素纤维具有很大的长径比（Bergshoef et al，1999；Saito et al，2007；Šturcová et al，2005），这让其能成为复合材料的增强剂提供了理论基础；并且与其他纳米材料（如碳纳米管）相比，纳米纤维素纤维又具有可生物降解、可再生和高的反应活性等优点，这些优异的性能使其日益成为增强复合材料的研究热点。

1995 年，Favier 等人发现纳米纤维素纤维可以增强橡胶的力学性能，此后，科研工作者们一直致力于研究其增强机理。针对纳米微晶纤维素非同寻常的增强效果，其增强机理主要有三个原因：① 纳米微晶纤维素与基体之间有相互作用力，使得应力得以传递；② 纳米微晶纤维素分子之间有强烈的氢键作用，从而形成了刚性网络结构；③ 逾渗效应（Sehaqui et al，2011；Cao et al，2007；Ljungberg et al，2005；de Souza Lima，2004）。

2006 年，Dufresne 采用改进后的"series-paralle"模型拟合出来的理论值与实际非常接近，并发现当纳米颗粒与基体的相容性较好时，纳米颗粒更趋向于与基体聚合物之间建立的相互作用力，而不是纳米颗粒分子之间建立的氢键作用（Dufresne，2006）。

Dubief 等人将纳米微晶纤维素添加到聚 ε-羟基辛酯，研究结果表明，纳米微晶纤维素增强后的聚 ε-羟基辛酯的储存模量比纯聚 ε-羟基辛酯增加了 145%，并指出纳米微晶纤维素的长径比和渗透率对复合材料的机械性能有着非常大的影响（Dubief et al，1999）。Azizi Samir 等人从被囊动物中成功提取出纳米纤维素晶须，并将其水悬浮液与聚氧化乙烯（PEO）水溶混合，然后涂膜挥发掉溶剂，制得纳米复合材料。采用扫描电镜（SEM）、差式扫描量热仪（DSC）、热重分析仪（TGA）和动态机械分析仪（DMA）对样品的性能进行了表征，实验验证了纳米纤维素晶须和 POE 之间存在较强的相互作用，所得的纳米复合材料的热分解温度高于 PEO 的热分解温度（Azizi Samir et al，2005）。

1.5.2 生物医学

纳米微晶纤维素具有很好的生物相容性，因此它越来越受到生物医学领域科学家们的重视和关注。目前，纳米微晶纤维素已广发应用在生物医学高分子材料、抗菌材料、载物载体、组织学支架、医学移植等领域（范子千等，2010；Ye et al，2006）。Jung 等人将纳米 Ag 粒子沉积在纳米微晶纤维素上，使纳米微晶纤维素的水合能力明显降低了，将其制成抗菌材料，纳米微晶纤维素巨大的比表面积能使抗菌材料和伤口更充分地接触，这不仅可以保持伤口的干燥，还具有很好的抗菌效果。这种抗菌材料对大肠杆菌和金黄色葡萄球菌的抗菌效率可以达到 99.99%以上（Jung et al，2009）。

1.5.3 纸浆造纸

纤维素的吸湿和解吸是影响纸张质量的重要因素。湿纸的强度非常小，在干燥过程中，纤维素会形成部分氢键或者产生范德华力，从而导致纸张强度的增加，纸张强度会随着水分含量的变化而变化。纳米纤维素纤维含有丰富的表面羟基，将其添加到纸浆中，其与纸浆纤维能够紧密地结合，从而可以制得致密高强度的纸张。纳米纤维素纤维还具有巨大的比表面积和特殊的表面电化学性质，也会对造纸过程中的施胶、漂白和染色等工序产生很大的影响。因此，纳米纤维素在制浆造纸中作为增强剂、助留剂、助滤剂有很好的发展前景（吴开丽，2010）。

1.5.4 食品

石光等人的研究表明，纳米微晶纤维素具有很好的触变性，是一种优良的食品添加剂，比如，可以作为果冻等食品的稳定剂（石光等，2008）。郭瑞等人认为纳米微晶纤维素水悬浮液不仅具有剪切变稀性，质量分数为 3%～

5%时又具有较好的增稠效果，并且在高温、高酸碱和无机盐存在的条件下也有较好的增稠效果，因此可将其作为增稠剂应用在肉丸、冰淇淋、酸奶等食品领域中（郭瑞和丁恩勇，2006）。同时，它作为纤维素，无法被人体吸收，因此还可以应用于保健品领域中。

1.5.5　生物复合材料

随着环境友好型材料受到广大科研工作者的广泛关注，作为一种天然高分子材料，纳米微晶纤维素可以用于制备生物复合材料，在"绿色"材料和"绿色化学"等领域都有着巨大的应用前景。Lu 等人利用甘薯渣纳米微晶纤维素和塑性淀粉制得了生物复合材料，其研究结果表明，纳米微晶纤维素与淀粉基体之间强烈的相互作用是导致复合材料性能明显增强的重要原因。当纳米微晶纤维素含量由 0%上升到 30%时，复合材料的拉伸强度从 2.5 MPa增加到了 7.8 MPa，杨氏模量从 36 MPa 增加到了 301 MPa。同时，纳米微晶纤维素的添加还提高了复合材料的抗水性能（Lu et al，2005）。

1.6　研究目的、意义、内容与方案

1.6.1　研究的目的和意义

本书的研究目的是研究纳米纤维素纤维的制备技术，获得尺寸均匀、性能优异的纳米纤维素纤维，并进一步将其应用在塑性淀粉膜中，研究纳米纤维素纤维对淀粉膜的增强机理。通过研究纳米纤维素纤维与淀粉复合材料（PS/CNFs）的性能，研究纳米纤维素纤维与淀粉基质之间的相互作用，为扩大纳米纤维素纤维的应用范围和制备性能优异的环境友好型材料提供理论依据。

纳米纤维素纤维是一种天然无污染的高分子材料，来源于世界上含量最丰富的可再生资源-纤维素，具有特殊的纳米尺寸结构、优异的力学性能和可生物降解性能等使其在环境友好型高分子材料领域具有广阔的应用前景，成为广大科研工作人员研究的热点。目前，国外对纳米纤维素纤维的制备方法有了一定的研究，其在复合材料、食品、造纸、生物医学、生物复合材料等领域的应用也取得了一定的进展。但是，国内对纳米纤维素纤维的研究还处于初始阶段，应用方面的研究也并未见系统的报道。本课题的研究对于完善纳米纤维素纤维的制备方法，优化其工艺条件，拓展其应用领域，对纳米纤维素纤维在生物复合材料中的应用具有积极的促进作用。

1.6.2 研究内容

本书研究了纤维素纤维和纳米纤维素纤维的制备方法，并将纳米纤维素纤维与塑性淀粉进行混合制得纳米复合材料，通过研究复合材料的性能，探讨出纳米纤维素纤维对淀粉膜的作用机理。本书的主要研究内容如下：

（1）以甜菜渣为原料，结合化学处理（碱处理和漂白处理）和高压均质处理制备纳米纤维素纤维，并对纳米纤维素纤维的化学成分、微观结构、结晶度、热稳定性等进行表征，研究高压均质技术对纳米纤维素纤维的作用机理，为纳米纤维素纤维的制备提供理论基础。

（2）将纳米纤维素纤维与塑性淀粉混合，利用溶液铸膜法制得纳米复合材料，研究纳米纤维素纤维对纳米复合淀粉膜的表观结构、结晶度、透湿性、透光性、亲水性、玻璃化转变温度等理化性能的影响。

（3）研究纳米复合淀粉膜的流变特性，探明纳米纤维素纤维对淀粉膜频率扫描和蠕变-恢复特性的影响，并研究出纳米复合淀粉膜特殊流变特性的产生机理。

（4）以玉米芯为原料，采用微波辅助化学处理制备纤维素纤维，并对纤维素纤维的化学成分、微观结构、结晶度、热稳定性等性能进行表征，为利用微波技术进一步制备纳米纤维素纤维提供理论依据。

（5）以甜菜渣为原料，采取碱处理方法对纤维素进行提取，利用单因素试验，探究氢氧化钠溶液浓度、固液比、提取时间和提取温度对甜菜渣纤维素提取率的影响。以此为基础，采取正交试验法，得到甜菜渣纤维素的最佳提取工艺。

（6）以甜菜渣为原料，对其进行碱处理和漂白处理，得到纤维素。以纤维素作为吸附剂，研究纤维素对刚果红的吸附性能。考察pH、初始浓度、时间等因素对纤维素吸附性能的影响，确定最佳吸附条件，并用吸附动力学模型和吸附等温线模型对其吸附过程进行模拟，探究纤维素对刚果红的吸附机理。

（7）以甜菜渣为原料制成纤维素，将纤维素进行化学改性，利用共沉淀法将纤维素制成磁性纤维素，接着用三乙烯四胺将其制成氨化的磁性纤维素。以氨化磁性纤维素作为吸附剂，研究氨化磁性纤维素对曙红B的吸附性能。通过改变曙红B溶液的pH、初始浓度、吸附时间、吸附剂量和吸附温度，并用吸附动力学模型和吸附等温线模型对其吸附过程进行模拟，探究氨化磁性纤维素对曙红B的吸附机理。

16

第2章 高压均质技术制备甜菜渣纳米纤维素纤维及其性能研究

2.1 引　言

目前，纳米微晶纤维素的制备主要是采用酸水解法，所用的无机酸主要是硫酸和盐酸。但是酸水解法制备出来的纳米微晶纤维素主要是以晶须的形式存在，其长径比相比于纳米纤维素纤维要小得多，导致其在复合材料中的增强作用降低。并且，在酸解过程中，酸液不仅可以水解纤维素中的无定形区，还很有可能破坏纤维素的结晶区，从而得不到理想结晶度的纳米纤维素纤维。酸解法还有一点不足，其试验周期长（透析大概需要7天），工作效率低，且废液污染环境。

高压均质技术是随着现代高能、高效均质技术和设备的开发而发展起来的一种合成纳米材料的新方法，它是应用纳米技术工艺制备纳米材料最有效的生产技术之一，具有均质效果好，生产效率高等优点（Keerati-U-Rai et al，2009；Li et al，2012）。当天然纤维素纤维通过均质阀（图2-1）时，会产生三种效应：① 空穴现象：被柱塞压缩的高压纤维素内部积累着巨大的能量，当其通过阀口狭缝（一般为0.1 mm）时突然失压，从而产生巨大的压力降，此时的物料像无数个微型的炸弹，内部的巨大能量瞬时释放出来，引起气穴爆炸，导致物料被强烈的粉碎细化；② 碰撞效应：通过阀口狭缝的物料具有极高的线速度，物料高速撞击到坚硬的冲击环上，进一步被破碎；③ 剪切效应：物料通过泵腔内的狭道口和阀口的狭缝时，都会产生高速的剪切效应，这比胶体磨的剪切更好。这三种效应引发的机械力可诱导物料大分子的物理、化学及结构性质发生变化，从而使细胞破碎，胞内的纳米纤维素纤维得到释放（张志森等，2001；Fu et al，2011；Wang et al，2012）。

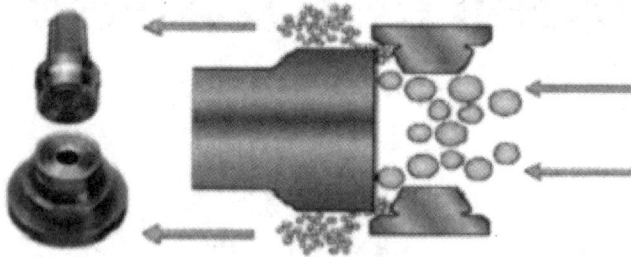

图 2-1　均质阀

高压均质技术具有压力高、施力均匀、可控性强等特点，和酸水解法相比，高压均质处理得到的纳米纤维素纤维所需要的周期要短得多，效率也得到了大大提高，且更加环保节能，更适合于连续批量化的工业生产。相对于高剪切技术等其他机械手段，高压均质细化效果更为强大，产品更加均匀。目前，国内外主要将高压均质技术应用在化学、制药、特种食品生产以及生物工程等领域。Shi 等人利用高压均质技术制备了淀粉纳米微球，其具有较好的球形形态，粒径分布范围为 50～250 nm（Shi et al，2011）。

然而，有关采用高压均质技术制备纳米纤维素纤维的研究还很少，国内更是鲜有报道。Lee 等人利用高压均质技术处理微晶纤维素制得纳米纤维素纤维。微晶纤维素在 140 MPa 的压力下均质 10 次后，纳米纤维素纤维的直径分布范围为 28～100 nm（Lee et al，2009）。然而，天然纤维素由于其分子内和分子间存在大量的氢键作用，不能溶于水和大多数的有机溶剂，这会导致在均质过程中堵塞均质阀，从而不能得到均一的产品（Liu et al，2007）。天然木质纤维素还含有其他非纤维素成分，比如果胶、半纤维素和木质素等物质，这些杂质的存在会导致纤维素结晶度的降低，从而减弱了其强度。因此，在均质前，需要对原料进行化学处理等预处理，比如碱处理、漂白处理，以除去原料中无定形区中的物质，并使纤维素得到充分润胀。

综上所述，本章以甜菜渣为原料，采用高压均质技术制备纳米纤维素纤维，并通过扫描电镜（SEM）、透射电镜（TEM）、傅里叶转换红外光谱（FTIR）、X 射线衍射图谱（XRD）、热重分析仪（TGA）对纳米纤维素纤维的微观结构、分子基团、结晶度和热稳定性等理化性能进行分析和表征。

2.2　材料与方法

2.2.1　试验材料

甜菜渣购自中粮屯河（新疆，中国），将提取果胶后的甜菜渣（DSBP）在 105 ℃下干燥 24 h。用粉碎机将其粉碎后过 80 目筛孔，并用自封袋收集，密封保存备用。盐酸（分析纯）、苯（分析纯），无水乙醇（分析纯），氢氧化钠（NaOH）（分析纯），乙酸（分析纯），丙酮（分析纯），浓硫酸（分析纯）和冰醋酸（分析纯）均购自于北京化工厂。25%氨水（分析纯）购自天津天大大化工有限公司。亚氯酸钠（NaClO$_2$）（化学纯）购于天津光复精细化工研究所。试验中所用其他药品，未加说明均为分析纯。

2.2.2　主要仪器

电热恒温鼓风干燥箱（101-3 型）上海路达试验仪器有限公司（中国）

高速多功能粉碎机（Q-250A3 型）上海冰都电器有限公司（中国）

索氏提取仪（B-811 型）　　　　BUCHI（瑞士）

循环水真空泵（SHB-B95）　　　郑州长城科工贸有限公司（中国）

高压均质机（AH 100D）　　　　ATS Engineering Inc.（意大利）

磁力搅拌器（85-2）　　　　　　江苏金坛精达仪器厂（中国）

数显搅拌器（EUROSTAR）　　　　IKA Instruments.（德国）

电子天平（0.000 1 g）（AL204-s）Mettler-Toledo International Inc.（瑞士）

电子天平（0.000 01 g）（AB135-s）Mettler-Toledo International Inc.（瑞士）

扫描电镜（JSM-5800）　　　　　JEOL 有限公司（日本）

透射电镜（H-7650B）　　　　　Hitachi High-Technologies（日本）

傅里叶红外光谱仪（Spectrum 100TM）PerkinElmer（美国）

热重分析仪（Q5000 series）　　　TA Instruments.（美国）

X-ray 衍射仪（XD-2）　　　　　北京谱析通用有限公司（中国）

冷冻干燥机（LGJ-18）　　　　　北京四环科学仪器厂（中国）

2.2.3　甜菜渣纳米纤维素纤维的制备

2.2.3.1　碱处理

将烘干后的 DSBP 置于索氏提取仪中，用苯-无水乙醇（2∶1，v/v）混合溶液抽提 6 h（1 g DSBP/10 mL 抽提液），用以除去油脂和蜡质物质。脱脂后的 DSBP 经干燥放入烧杯中，加入 4%（w/v）NaOH 溶液（1 g DSBP/15 mL NaOH 溶液），用磁力搅拌器在 80 ℃下处理 2 h。用去离子水清洗处理后的样品并抽滤，直至滤液呈中性。

2.2.3.2　漂白

样品经过碱处理后，用漂白工序以除去残留的木质素。将 5 g 碱处理后的 DSBP 放入三角锥瓶中，加入 160 mL 去离子水、1.5 g 亚氯酸钠和 10 滴冰醋酸，在 70～80 ℃下加热 1 h，并不断摇晃锥形瓶，以使样品充分均匀反应。此步骤重复三遍。最后，用去离子水洗涤残渣并抽滤，直至滤液呈中性。

2.2.3.3　高压均质处理

使用高压均质机在室温下对漂白处理后的纤维素浆液进行高压均质处

理，纤维素浆液的浓度为 0.5%（w/v）。首先将纤维素浆液在 20 MPa 的均质压力均质一次，目的是避免在接下来的均质过程中出现堵塞现象。然后将样品在 80 MPa 的均质压力下连续均质 10 次。最后，将均质后的样品进行冷冻干燥，得到样品。

2.2.4 甜菜渣纳米纤维素纤维的化学成分测定

在纳米纤维素纤维的制备过程中，对每个处理阶段后的样品进行化学成分分析。化学成分测定的具体操作方法与美国纸浆与造纸工业技术协会（TAPPI）的标准相类似，并稍有修改。

2.2.4.1 灰分的测定

称取 2 g（精确至 0.000 1 g）粉末样品置于预先灼烧至恒重的瓷坩埚中，将坩埚移入马弗炉中，在 575±25 ℃下灼烧至灰渣中无黑色碳素。将坩埚取出，冷却 10 min，再置入干燥器内，保持 5 min，称重。再将坩埚放入马弗炉中，重复上述操作，称量至坩埚质量恒定。样品中灰分含量 Wa（%）按式（2-1）计算：

$$W_a = \frac{m_1 - m_2}{m_0} \times 100\%$$ （2-1）

其中，W_a 为样品中灰分含量（%），m_1 为灼烧后盛有灰分的坩埚质量（g），m_2 为灼烧后坩埚质量（g），m_0 为绝干样品质量（g）。

2.2.4.2 综纤维素含量的测定

首先，精确称取 2 g（称准至 0.000 1 g）干燥至恒重的样品加入 250 mL 锥形瓶中。然后加入 65 mL 去离子水、0.5 mL 冰醋酸和 0.6 g 亚氯酸钠，搅拌摇匀，扣上 25 mL 锥形瓶，将其置于 75 ℃恒温水浴锅中加热，并经常摇荡锥形瓶使反应均匀。每隔 1 h，再往其中加入 0.5 mL 冰醋酸和 0.6 g 亚氯酸钠，摇匀，继续在 75 ℃水浴中加热，如此重复三次。接着，将锥形瓶放入冰水浴中冷却，然后用恒重的玻璃滤器抽吸过滤，用去离子水反复洗涤至滤液呈中性为止。最后用丙酮洗涤三次，吸干滤液，将玻璃滤器置于烘箱中在105 ℃下烘至恒重。样品中综纤维素含量 Wh（%）按式（2-2）计算：

$$W_h = \frac{m_1 - m_2}{m_0} \times 100\% \qquad (2-2)$$

其中，W_h 为样品中综纤维素含量（%），m_1 为烘干后综纤维素含量（g），m_2 为综纤维素中灰分含量（g），m_0 为绝干样品质量（g）。

2.2.4.3 α-纤维素含量测定

精确称取 2 g（0.000 1 g）干燥至恒重的样品于 150 mL 烧杯中，加入 15 mL 17.5%（w/v）NaOH 溶液浸渍样品，并用玻璃棒搅拌 2～3 min，使其呈糊状物，然后再加入 15 mL NaOH 溶液，同时小心搅拌 1 min。然后将烧杯用保鲜膜密封，在 20 ℃的恒温水浴中丝光化处理 45 min，接着加入 30 mL（20±0.5）℃的去离子水于烧杯中，仔细搅拌 2 min。然后将烧杯中的浆液移入至玻璃滤器中，用循环水真空泵缓缓抽滤。接着，在微弱的真空抽滤下，用 25 mL（20±0.5）℃的 9.5%（w/v）NaOH 溶液洗涤 3 次，每次洗涤 2～3 min。洗涤后，用 400 mL 的去离子水分次洗涤。然后加入 2 mol/L 乙酸溶液于滤器中，将样品完全浸没，保持 5 min，再用去离子水洗涤，直至滤液不呈酸性。取下滤器，将其在 105 ℃下烘干至恒重。样品中 α-纤维素含量 W_α（%）按式（2-3）计算：

$$W_\alpha = \frac{(m_1 - m_2) - m_4}{m_0} \times 100\% \qquad (2-3)$$

其中，W_a 为样品中 α-纤维素含量（%），m_1 为盛有烘干 α-纤维素的玻璃滤器质量（g），m_2 为烘干后玻璃滤器质量（g），m_3 为样品中灰分含量（g），m_0 为绝干样品质量（g）。

2.2.4.4　木质素含量测定

精确称取 1 g（称准至 0.000 1 g）样品至 100 mL 的带塞锥形瓶中，加入

12～15 ℃的 72%硫酸 15 mL，使样品完全浸透，并盖好瓶塞。然后将锥形瓶置于 18～20 ℃水浴中保持 2.5 h，并不断摇动锥形瓶，使瓶内反应均匀进行。接着，将上述锥形瓶中物质在去离子水的漂洗下全部移入 1 000 mL 锥形瓶中，加入去离子水至总体积为 560 mL。将锥形瓶在电热板上煮沸 4 h，期间不断加去离子水，以保持溶液总体积不变。然后静置，使酸不溶木素沉淀下来。接着，用恒重的定量滤纸过滤酸不溶木质素，并用热去离子水洗涤至滤液不再呈酸性为止。最后，将滤纸移入恒重的称量瓶中，在 105 ℃下烘至恒重。样品中木质素含量 W_1（%）按式（2-4）计算：

$$W_l = \frac{m_1 - m_2}{m_0} \times 100\% \qquad (2\text{-}4)$$

其中，W_l 为样品中木质素含量（%），m_1 为烘干后木质素残渣质量（g），m_2 为样品中灰分含量（g），m_0 为绝干样品质量（g）。

2.2.4.5　半纤维素含量测定

样品中半纤维素含量 W_s（%）按式（2-5）计算：

$$W_s = W_h - W_\alpha \qquad (2\text{-}5)$$

其中，W_s 为样品中半纤维素含量（%），W_h 为样品中综纤维素含量（%），W_α 为样品中 α-纤维素含量（%）。

2.2.5　甜菜渣纳米纤维素纤维的表观结构表征

2.2.5.1　扫描电镜（SEM）测试

采用扫描电子显微镜（SEM）（JSM-5800，JEOL Co，Ltd，Japan）来对不同处理阶段样品的微观表面形貌进行表征。用导电胶将少量粉末样品固定在金属片上，并在真空的条件下对样品表面喷一层铂金。样品喷金后，将其置于扫描电镜中，在加速电压 15 kV 的条件下对样品进行观察，放大倍数根据实际情况在 1 000～1 500 倍之间调整。

2.2.5.2　透射电镜（TEM）测试

采用透射电镜（TEM）H-7650B（Hitachi High-Tchnologies，Japan）测定纳米纤维素纤维的直径分布。将一滴用去离子水稀释的纳米纤维素纤维悬浮液滴在有碳涂层的铜网上，然后用乙酸双氧铀将其负染 1 min，并在室温下晾干。设定透射电镜的加速电压为 80 kV。纳米纤维素纤维的直径通过图像处理软件 Image J（National Institute of Health，USA）计算得出。

2.2.6　甜菜渣纳米纤维素纤维的 FTIR 测定

使用 Spectrum 100TM FTIR 红外光谱仪（PerkinElmer，USA）对样品的官能团变化进行测定。将样品与溴化钾以 1：100 的比例混合，接着用玛瑙研钵将其磨成极细粉末，并用液压装置进行压片。再将压片放入样品室中，波数从 4 000 cm^{-1} 扫描到 400 cm^{-1}，分辨率为 4 cm^{-1}，每个样品在室温下扫描 32 次。

2.2.7　甜菜渣纳米纤维素纤维的 X-射线衍射分析

使用 X-射线衍射仪（XD-2，北京普析通用仪器有限责任公司）对样品进行结晶度的测定。首先，利用玛瑙研钵对样品进行碾磨处理，以使其能够顺利过 360 目筛。然后将粉末放进玻璃样品槽中并压实，测试采用 X-射线粉状衍射分析模式，设定工作电压和电流分别为 36 kV 和 20 mA。该仪器利用闪烁计数器计算出不同衍射角度的衍射强度，从而绘制出 X 射线衍射图谱。本试验对纤维素纤维样品的扫描角度范围为 5°～40°（2θ），扫描速率为 1°/min，扫描角度间隔为 0.02°。采用 Segal 的方法，按式（2-6）对样品的结晶度指数（CI）进行测定（Segal，et al，1959）：

$$CI(\%)=100\times\frac{I_{002}-I_{am}}{I_{002}} \qquad (2\text{-}6)$$

其中，I_{002} 代表 22°（2θ）处衍射峰的强度，I_{am} 代表 18°（2θ）出衍射

峰的强度。

2.2.8　甜菜渣纳米纤维素纤维的热重分析

使用 Q5000 热重分析仪（TA Instruments，USA）对样品的热稳定性进行测定。首先将样品磨成粉末，然后精确称取 3～5 mg 待测样品放入铂金坩埚中，在氮气氛围下测定样品的热稳定性。温度从室温升到 700 ℃，升温速率为 10 ℃/min，氮气流速为 35 mL/min。

2.2.9　数据分析

本章中所有试验均为三组平行测试，表中所列数据为平均值±标准偏差。使用单向方差分析（one-way analysis of variance，one-way ANOVA）对同组数据进行分析，同时采用邓肯多重比较检验来对数据的显著性差异进行分析，置信度水平为 0.95。所用数据分析软件为 SPSS 17.0 版（SPSS Inc，Chicago，IL，USA）。

2.3　结果与分析

2.3.1　化学成分

未处理、碱处理和漂白处理的样品化学成分分析数据见表 2-1。从表 2-1 我们可以看出，化学处理对甜菜渣样品的化学成分有显著的影响（$p < 0.05$）。未经处理的甜菜渣样品，其含有 44.96%α-纤维素、25.4%半纤维素和 11.23% 木质素。样品经过碱处理后，其 α-纤维素含量增加到了 70.85%，而半纤维和木质素含量却分别降到了 9.32% 和 8.67%。这是因为，碱处理使甜菜细胞壁

中大部分的半纤维素和木质素溶解出来了。样品经过漂白处理后，木质素被彻底消除了，同时半纤维的含量也进一步下降到 7.01%，而 α-纤维素含量却显著地增长到 82.83%。以上结果表明，化学处理（碱处理+漂白处理）能够破坏木质纤维素结构，促进半纤维素的水解，从而使半纤维素和木质素之间键的断裂，并最终彻底移除木质素。已有专家证明，纤维素的增加不仅会提高木质纤维素样品的结晶度，还会显著地提高它的热稳定性（Alemdar et al，2008b）。这个结论我们将会在 2.3.4 和 2.3.5 部分进一步证明。

表 2-1　不同处理阶段样品的化学成分分析[*]

样品	纤维素（%）	半纤维素（%）	木质素（%）	灰分（%）
未处理的甜菜渣	44.96 ± 0.09^a	25.40 ± 2.06^a	11.23 ± 1.66^a	17.67 ± 1.54^a
碱处理后的甜菜渣	70.85 ± 0.35^b	9.32 ± 0.65^b	8.67 ± 0.50^b	12.78 ± 1.06^b
漂白后的甜菜渣	82.83 ± 3.81^c	7.01 ± 1.64^c	0^c	10.73 ± 0.95^c

[*]数据用三次平均重复的平均值±标准差表示，同一列中数据的不同上标代表数据间有显著差异（$p<0.05$）。

2.3.2　甜菜渣纳米纤维素纤维的表观结构

2.3.2.1　纳米纤维素纤维的宏观表观特性

图 2-2 给出了不同处理阶段中甜菜渣纤维素纤维的表观形貌。从图 2-2 我们可以看出，经过碱处理后的样品，其颜色由灰色变成了褐色，而经过漂白处理的样品已经完全呈现出白色了。每个处理阶段后样品颜色的变化反映了其化学成分的变化。这是因为经过碱处理后的样品，其中的蜡质物质、脂类物质、半纤维素等非纤维素成分已经大部分被去除了，同时一部分木质素也被溶解出来了。当样品进一步经过漂白处理后，其残余的半纤维素和大部分的木质素也被溶解出来了。最后的产品（漂白处理后）呈现出白色也说明样品经过漂白后，纤维素的含量得到了极大的提高，这也与之前化学成分分析的结果相一致。

图 2-2　样品的表观图

（a）未处理的甜菜渣；（b）碱处理的甜菜渣；（c）漂白后的甜菜渣

2.3.2.2　纳米纤维素纤维的微观表观特性

化学处理不但使样品的化学成分发生了变化，同时也使纤维素纤维的微观表面结构发生了极大的变化。与此同时，高压均质处理也会给纤维素纤维的形态特征带来很大的变化。图 2-3 给出了每个处理阶段样品的 SEM 图。从图 2-3 我们可以看出，处理前后的甜菜渣的形态结构有着非常大的差别。未经处理的甜菜渣表面比较光滑，直径大概在 10～25 μm。这是因为未经处理的甜菜渣，其纤维素纤维被果胶、半纤维素、木质素等"天然粘合剂"黏在一起（Kaliyan et al，，2009）。从图 2-3（b）我们可以看出，甜菜渣样品已经变成了由细长纤维组成的网状结构，其表面变得更加粗糙，这是因为经过碱处理后，甜菜渣中大部分果胶、半纤维素、木质素、蜡等非纤维素物质被溶解出来了。从图中同时可以看出，一小部分的纤维素纤维仍然粘在一起，这表明碱处理并没有完全打破甜菜的细胞结构，从而使自由的纤维素纤维充分释放出来。这是因为，残留的木质素仍然充当粘合剂，使纤维素纤维之间以纤维素酯等桥键的方式结合在一起（Johar et al, 2012）。从图 2-3（c）我们可以看出，经过漂白处理后，一部分甜菜纤维束被打破，同时释放出单根纤维素纤维。这是因为在强烈的漂白作用下，粘合物质（半纤维素和木质素）进一步被消除，从而使纤维素纤维释放来。以上形态特征的变化表明，碱处理不能充分地除去甜菜渣里的非纤维素成分，漂白处理能更加彻底消除残留在样品里的半纤维素和木质素。通过比较图 2-3（c）和图 2-3（d）我们可以得知，高压均质处理能极大程度改变样品的微观结构。经过高压均质处理后，样品的网状结构被彻底破坏了，同时纤维素纤维能够有效分离成直径能达到纳米级别的单根纤维。然而，在干燥过程中由于水分的蒸发，一部分的纳米纤维素纤维会聚集在一起，从而导致了一些大的纤维束的形成。

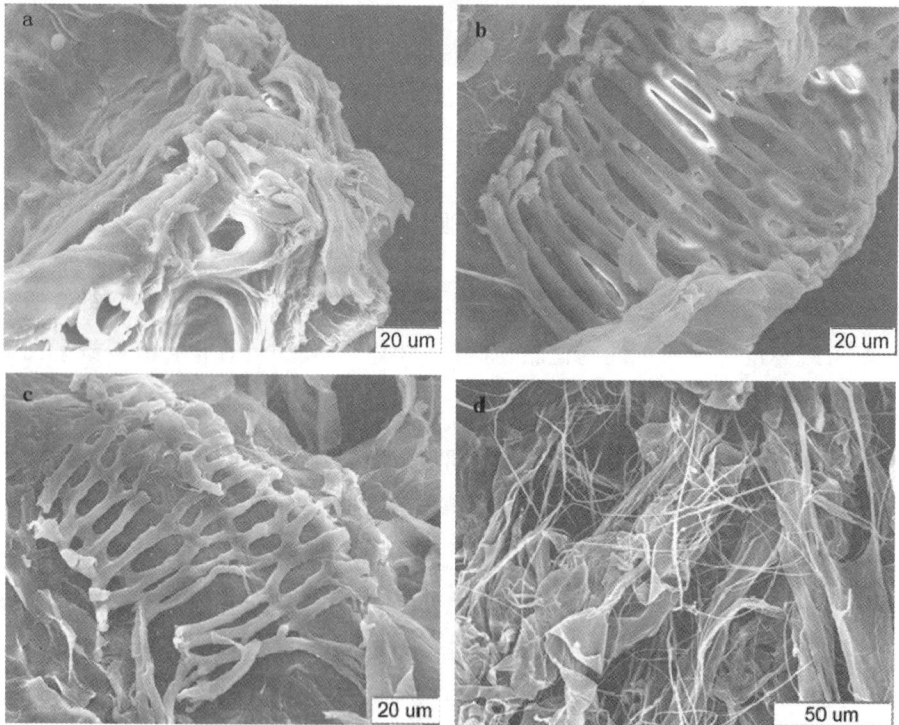

图 2-3　样品的 SEM 图

（a）未处理的甜菜渣；（b）碱处理后的甜菜渣；（c）漂白后的甜菜渣；（d）高压均质后的甜菜渣

2.3.2.3　纳米纤维素纤维的直径分布

图 2-4 和图 2-5 分别给出了纳米纤维素纤维的 TEM 图和直径分布图。从图 2-4 我们可以看出，高压均质处理能够彻底打破甜菜渣的细胞结构，成功让纳米纤维素纤维从细胞壁中释放出来。同时，高压均质处理能够让纤维束中的单根纤维分离出来，从而让它们的直径减小到纳米级范围，纳米纤维素纤维的直径大概在几纳米到 70 nm 之间，并且大部分的纳米纤维素纤维的直径都在 10～20 nm 之间。从图 2-5 我们可以得知，将近 64%的纳米纤维素纤维的直径分布在 10～20 nm，只有 3%的纳米纤维素纤维的直径超过 40 nm，同时 14%的纤维直径小于 10 nm。

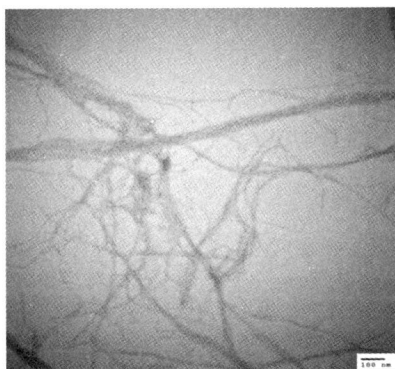

图 2-4　纳米纤维素纤维的 TEM 图

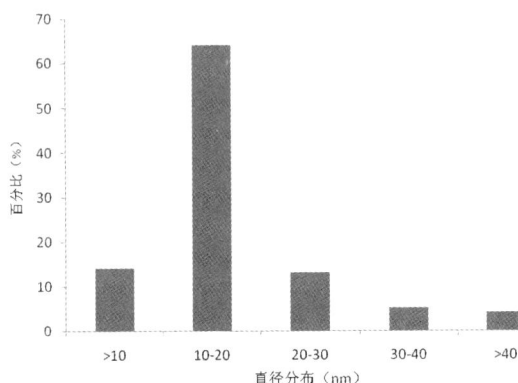

图 2-5　纳米纤维素纤维的直径分布图

2.3.3 甜菜渣纳米纤维素纤维的 FTIR 分析

图 2-6 给出了不同处理阶段的样品 FTIR 光谱图。从图 2-6 我们可以看出，在 3 340～3 367 cm^{-1} 处，所有样品的光谱图中都有一个较大的特征吸收峰，这是 O-H 的伸缩振动区，这说明未经处理和经过处理的样品都有着较好的亲水性（Sain et al，2006）。在 2 924 cm^{-1} 附近，有一个明显的特征吸收峰，它代表着纤维素、半纤维素和木质素中饱和 C-H（CH$_3$）的伸缩振动（Alemdar et al，2008a；Kaushik et al，2011）。C-H 有两个明显的弯曲振动带，出现在 1 371 cm^{-1} 和 1 443 cm^{-1} 处，分别对应于 CH3 的反对称弯曲振动和对称弯曲振动（Xiao et al，2001；Sain et al，2006）。有一个小的吸收峰出现在 1 630 cm^{-1} 处，这是由样品中吸收少量水分的 O-H 基团的弯曲振动峰造成的。

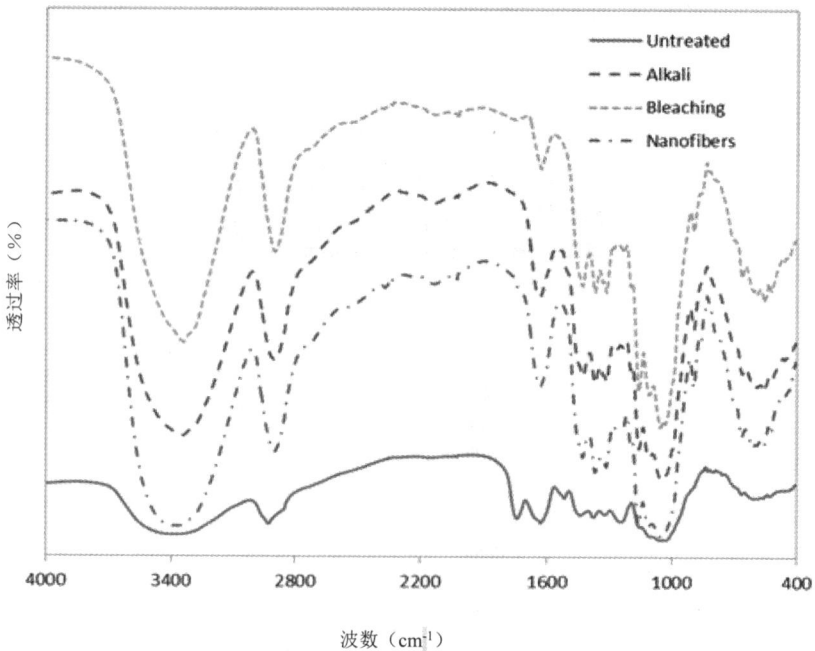

图 2-6　未处理甜菜渣、碱处理后的甜菜、漂白后的甜菜渣和纳米纤维素纤维的 FTIR 图

在未处理的甜菜渣样品光谱图中,有一个明显的特征峰出现在 1 745 cm^{-1} 处,这是由于半纤维素中羰基(以乙酰基、糖醛酯基等形式存在)的伸缩振动导致的。这个吸收峰同时也有可能由香豆酸和阿魏酸(半纤维素和木质素的主要组成部分)中羰基的伸缩振动引起的(Alemdar et al,2008b)。然而,在碱处理和漂白处理后的样品中,这个吸收峰(1 745 cm^{-1})消失了。这表明,经过化学处理后,甜菜渣中的半纤维素和木质素成分被移除了。但是,根据表 2-1,甜菜渣经过化学处理(碱处理和漂白)后,半纤维和木质素并没有完全被消除。因此,我们可以得出结论,FTIR 光谱中羰基的消失很有可能是由于半纤维素和木质素中酯键和羧基的断裂造成的。

在未处理的甜菜渣样品中,有一个特征吸收峰出现在 1 517 cm^{-1} 处,它是 C=C 的伸缩振动区。此峰(1 517 cm^{-1})是由芳香族化合物环内碳原子间伸缩振动引起的环的骨架振动,因此它是木质素中 C=C 双键的伸缩振动区(Xiao et al,2001)。在碱处理后的样品中,此特征峰明显的减弱了;然而,在漂白后的样品中,此峰最终消失了。以上现象表明,碱处理并不能有效去除木质素,而随后的漂白处理能进一步去除样品中的木质素。在所有样品中,都存在一个特征吸收峰(1 240 cm^{-1}),其代表着 C-O 的单键伸缩振动。从图 2-6 可以看出,经过化学处理后的样品,C-O 的伸缩振动大大的减弱了。同时,1 035 cm^{-1} 处代表醚键(C-O-C)的伸缩振动区也明显减弱了。以上现象表明,在化学处理过程中,绝大部分的半纤维素都被消除了,只有一小部分的半纤维素仍然存在于甜菜渣中(Cherian et al,2008)。这些结论也证实了表 2-1 中的化学成分分析数据。1 058 cm^{-1} 和 898 cm^{-1} 处的振动带分别为醇 C-O 的伸缩振动和糖苷 C-H 的伸缩振动,它们是纤维素结构的显著特征(Sun et al,2000)。然而,经过化学处理的样品,这两个峰的强度显著增强了。这表明,化学处理后的样品,纤维素的含量增加了。综上所述,化学处理能够在很大程度上去除甜菜渣中的半纤维素和木质素,从而使纤维素的含量大大地增加了。

从图 2-6 可以得知,漂白后的样品和高压均质后的样品的 FTIR 光谱图差异非常小,由此可以判断,高压均质处理并没有改变样品的基本化学结构。

2.3.4 甜菜渣纳米纤维素纤维 X-射线衍射分析

从表 2-1 可以得知，未经化学处理的甜菜渣主要包括三个主要成分：纤维素、半纤维素和木质素。我们通常认为，纤维素纤维是晶体结构。但是，在自然界中，这种纤维素纤维的晶体区往往被半纤维素打断，并且它们一起镶嵌在木质素当中。有专家认为，木质纤维素生物质中的纤维素结晶区是由于纤维素分子之间的氢键作用导致的（Alemdar et al，2008a）。因此，我们可以预测，当甜菜渣中的半纤维素和木质素被溶解出来后，其纤维素的结晶度会显著增大。

图 2-7 给出了样品的 X 射线衍射谱图。从图 2-7 我们可以看出，所有样品在 16°（2θ）和 22°（2θ）处都有一个较为明显的特征衍射峰，分别代表纤维素Ⅰ型结晶结构的（101）晶面和（200）晶面（Nishiyama et al，2003）。这说明，化学处理基本上不影响样品的纤维素晶体结构。在未处理的甜菜渣样品中，其位于 22°（2θ）的衍射峰非常宽，而在化学处理后的甜菜渣样品中，位于 22°（2θ）的衍射峰变得更加细窄和尖锐，并且位于 16°（2θ）的

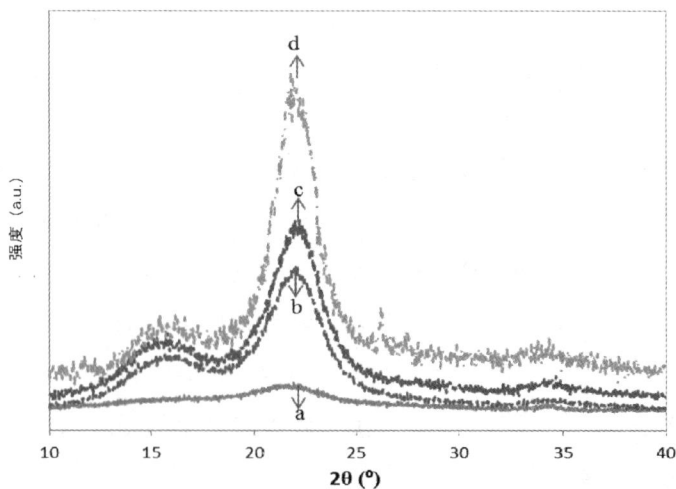

图 2-7　样品的 XRD 图

（a）未处理的 DSBP；（b）碱处理后的 DSBP；（c）漂白后的 DSBP（d）纳米纤维素纤维

衍射峰强度也明显增强了。以上结果表明，化学处理后的样品的结晶度显著提高了，这是由于化学处理很大程度地提高了样品的纤维素含量。同时，我们还可以从衍射谱图看出，经过高压均质处理后的纳米纤维素纤维，其位于22°（2θ）的（200）晶面的衍射峰强度是最强的。

结晶度指数（CI）是与纤维素纤维的强度和硬度密切相关的，它能定量的测出样品的结晶度（Wang et al，2007）。我们根据 Segal 等人的方法来测定样品的结晶度指数（Segal et al，1959）。表 2-2 列出了不同处理阶段样品的结晶度指数，未处理的甜菜渣、碱处理的甜菜渣、漂白处理的甜菜渣和纳米纤维素纤维的 CI 值分别为 35.1%、66.87%、71% 和 77.89%。以上结果表明，纳米纤维素纤维的 CI 值显著增大了（$p < 0.05$）。化学处理（碱处理+漂白）后的样品，其 CI 值的增大是因为，在碱处理和漂白过程中，半纤维素和木质素能够从无定型区中有效的溶解出来，同时纤维素晶体的含量也大大地增加了。高压均质处理能够进一步将样品的 CI 值增大到 77.89%，这是因为，高压均质处理打破了甜菜渣中的无定型区，并对纤维素结晶区进行重组。这和 Lu 等人得出的结论相一致（Lu et al，2013）。他们指出，经过超微粉碎后，纤维素纤维的结晶度从 59.79% 增加到 70.26%。纳米纤维素纤维的结晶度增加后，其纤维素分子间的结构也更加有序和紧实了，因此纤维的拉伸强度和硬度也会相应增大。也有学者认为，纤维素的增加会使复合材料结晶区纵向的杨氏模量得到显著提高（Sakurada et al，1962）。因此，纳米纤维素纤维在可降解材料中作为增强剂将会有着非常好的应用前景。

表 2-2　不同处理阶段样品的 CI 值和热分解特性[*]

样品	CI（%）	开始分解温度（℃）	残渣含量（%）
未处理的甜菜渣	35.10±4.22[a]	224.4±3.2[a]	17.67±2.33[a]
碱处理后的甜菜渣	66.87±0.46[b]	258.3±4.6[b]	12.78±1.85[b]
漂白后的甜菜渣	71.00±1.13[c]	271.1±2.1[c]	11.70±0.92[c]
纳米纤维素纤维	77.89±2.35[d]	272.7±0.5[c]	10.73±1.08[d]

[*]数据用三次平均重复的平均值±标准差表示，同一列中数据的不同上标代表数据间有显著差异（$p < 0.05$）

2.3.5 甜菜纳米纤维素纤维热稳定性分析

目前，很多热塑性材料的加工温度都超过了 200 ℃（Tadmor et al，1979），当纳米纤维素纤维进一步应用在增强型高分子材料时，其热稳定性就显得尤为重要了。因此，如果纳米纤维素纤维拥有较高的热分解温度，将会在一定程度上扩大其在生物复合材料领域中的应用范围。图 2-8 给出了样品的热分解曲线图。从图 2-8 我们可以看出，当温度从 30 ℃加热到150 ℃的过程中，所有样品均会出现一个微小的失重降解峰，这代表的是样品中少量水分子的汽化和微量低分子化合物的失重（Morán et al，2008）。样品在好几个阶段都有较大的失重降解现象，说明样品中含有多种物质成分，它们分别在不同的温度下发生热分解。如图 2-8 所示，经过化学处理的样品以及最终获得的纳米纤维素纤维，其热分解温度大大地提高了。从表 2-2 可以看出，未处理的甜菜渣样品在 224.4 ℃开始发生热分解，而碱处理后的样品在 258.3 ℃开始分解。以上现象可以说明，碱处理后的样品拥有更高的热稳定性。这是因为，未处理的甜菜渣中含有大量的果胶、半纤维素和木质素，它们与纤维素相比，具有更差的热稳定性（Chen et al，2011）。从表 2-2 可以看出，漂白后的甜菜渣的热分解温度达到了 271.7 ℃，相比于碱处理后的样品，其热稳定性又有了显著的提高，这进一步证实了漂白处理消除了样品中残留的半纤维素和木质素。综上所述，化学处理后的样品，拥有更好的热稳定性，其主要原因可能有三点：① 样品中热稳定性差的果胶、半纤维素和木质素大部分被溶解出来；② 甜菜中无定型区域的消除，同时结晶区中纤维素分子排列更加紧凑和有序，从而使样品的热稳定性大大提高了；③ 在化学处理过程中，样品经过不断地洗涤和过滤，其中草酸钙和水溶性的盐也被溶解了，这也是样品热稳定性提高的原因之一（Alemdar et al，2008a）。

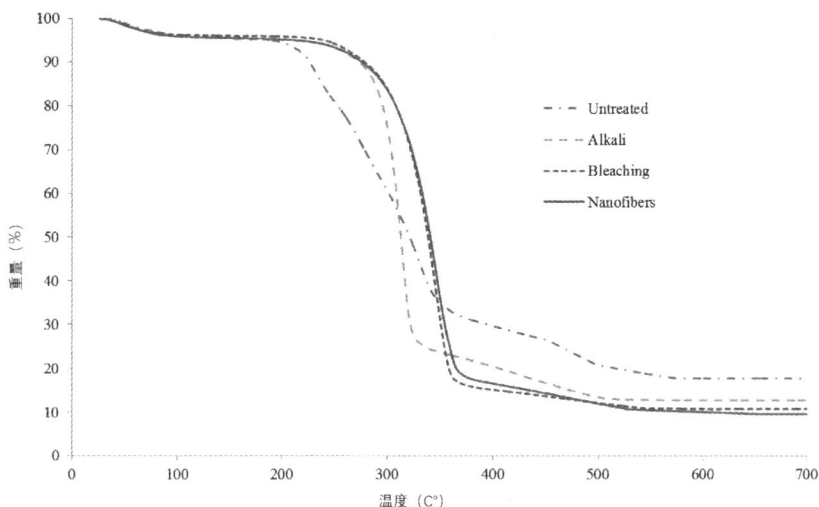

图 2-8 未处理的 DSBP、碱处理后的 DSBP、漂白后的 DSBP 和
纳米纤维素纤维的 TG 曲线

当样品被加热到 600 ℃后，其剩下的残渣的含量也有很大的差异。从表 2-2 可以看出，未处理的样品的残渣含量为 17.7%，而碱处理后的样品，其残渣含量降到了 12.78%，这是由于，碱处理有效地移除了样品中的半纤维素、木质素和二氧化硅。漂白后的样品，其残渣含量进一步下降到 11.7%，这是因为漂白处理消除了样品中残留的木质素。

2.4 本章小结

本章以甜菜渣为原料，结合化学处理和高压均质技术制备了纳米纤维素纤维，并对其化学成分进行了分析。采用扫描电子显微镜（SEM）、透射电镜（TEM）、傅里叶转换红外光谱（FTIR）、X 射线衍射图谱（XRD）、热重分析仪（TGA）对纳米纤维素纤维的表观形态、结晶度、热稳定性等理化性能进行分析和表征。本章研究的具体结论如下：

（1）化学处理有效地去除了原料中的半纤维素和木质素，大大地提高了样品中纤维素的含量。半纤维素含量从 25.4%降到了 7.01%，木质素被彻底消除了，纤维素含量从44.96%增加到了82.83%。

（2）未经处理的甜菜渣表面比较光滑，直径大约为 10～25 μm。高压均质处理能极大程度地改变样品的微观结构。经过高压均质处理后，样品的网状结构被彻底破坏了，同时纳米纤维素纤维从细胞壁中释放出来，直径在几纳米到 70 nm 之间。

（3）未处理的甜菜渣、碱处理的甜菜渣、漂白处理的甜菜渣和纳米纤维素纤维的结晶度分别为35.1%、66.87%、71%和77.89%。以上结果表明，纳米纤维素纤维的结晶度得到了显著的提高（$p < 0.05$），同时样品的晶型被完整地保留下来了。

（4）化学处理能够显著地（$p < 0.05$）提高样品的热稳定性，样品的开始分解温度从 224.4 ℃提升到了 272.7 ℃，而残渣含量从 17.67%降到了10.73%，这都极大地拓宽了纳米纤维素纤维在材料领域的应用范围。

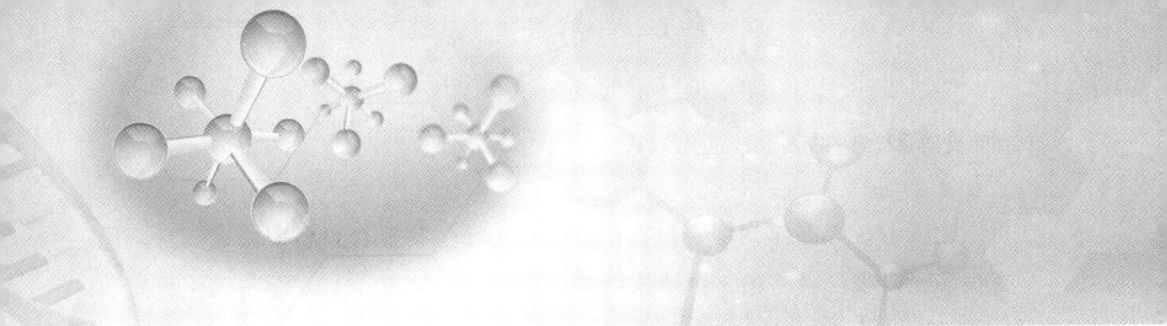

第3章　纳米纤维素纤维对淀粉膜
理化性能影响的研究

3.1　引　言

随着世界能源危机的不断加剧，不可再生资源的日渐枯竭，再加上石油基材料的大量使用对自然环境造成的严重污染和破坏，已严重威胁到人类的生存环境和健康安全。因此，寻求天然可再生生物质资源为原料，直接生产环境友好型高分子材料，成为全世界应对能源危机和环境污染这一挑战的重要课题（曲音波，1999）。与石油基高分子材料相比，天然生物质资源具有廉价、来源广、可再生等优点，越来越受到人们的关注。

淀粉是自然界中蕴含量最为丰富的聚合物之一，它主要贮存在种子和块茎中。淀粉是由葡萄糖分子聚合而成的，它是细胞中碳水化合物最普遍的储藏形式，通式是$(C_6H_{10}O_5)_n$。由于淀粉是一种非常廉价的多功能性聚合物，其在非食品工业中有着巨大的应用潜力。淀粉可以和塑化剂（如水和丙三醇）混合，通过机械作用和加热，从而获得塑性淀粉。因此，关于淀粉的研究越来越多地引起专家学者的关注，尤其是在不需要考虑其长久耐用性或者是在需要迅速降解的情况下，塑性淀粉取代合成聚合物是一种很好的可行性方案（Cao et al，2008）。然而，与传统的合成材料相比，淀粉基可生物降解材料仍然存在很多缺点，比如耐水性差、脆度高和机械性能差等（Curvelo et al，2001）。第一章我们提到，纳米纤维素纤维具有优异的机械性能，且来源广泛，可生物降解，能够作为增强材料很好的应用在生物复合材料中。近年来，已有很多科研工作者将纳米纤维素纤维应用在聚乳酸（PLA）、淀粉等生物质基高分子材料中，并证实了纳米纤维素纤维具有非常好的增强效果（Satyanarayana et al，2009；Faruk et al，2012）。Lu 等人从棉绒中提取了纳米微晶纤维素，其能显著地提高淀粉膜的杨氏模量和拉伸强度，这是因为淀粉和纳米微晶纤维素之间有着极强的相互作用力（Lu et al，2005）。Alemdar 等人从麦秆中提取了纳米纤维素纤维，它不但能提高淀粉膜的杨氏模量和拉伸强度，还能显著提高淀粉膜的玻璃化转变温度（T_g）（Alemdar et al，2008b）。

本章通过溶液铸膜法制得塑性淀粉/纳米纤维素纤维复合膜（PS/CNFs），利用扫描电镜（SEM）、X 射线衍射仪（XRD）、接触角测量仪、紫外可见分光光度计和差式扫描量热仪（DSC）等手段对复合膜的表观形貌、结晶度、亲水性、透湿性、透光性和玻璃化转变温度等理化性能进行测定分析，探讨纳米纤维素纤维对淀粉膜的作用机理，为纳米纤维素纤维在生物复合材料中的应用提供理论依据。

3.2　材料与方法

3.2.1　试验材料

甜菜渣纳米纤维素纤维按照第二章所述方法制得；玉米淀粉购自河北张家口玉晶食品有限公司，为化学纯；木糖醇购自天津圭谷科技发展有限公司，为化学纯；丙三醇购自北京化工厂，为分析纯。

3.2.2　主要仪器

电热恒温鼓风干燥箱（101-3 型）上海路达试验仪器有限公司（中国）

磁力搅拌器（85-2）　　　　　江苏金坛精达仪器厂（中国）

数显搅拌器（EUROSTAR）　　IKA Instruments.（德国）

电子天平（0.000 1 g）（AL204-s）Mettler-Toledo International Inc.（瑞士）

电子天平（0.000 01 g）（AB135-s）Mettler-Toledo International Inc.（瑞士）

数显游标卡尺（0.01 mm）（PRO-MAX）red V.Fowler（美国）

真空干燥箱　　　　　　　　　上海双旭电子有限公司（中国）

扫描电镜（JSM-5800）　　　　JEOL 有限公司（日本）

X-射线衍射仪（XD-2）　　　　北京谱析通用有限公司（中国）

接触角测量仪　　　　　　　　上海中晨数字技术设备有限公司（中国）

可见-紫外光分光光度计（TU-1810）北京谱析通用有限公司（中国）

DSC（Q10）　　　　　　　　　TA Instruments.（美国）

3.2.3　纳米纤维素纤维的制备

按照 2.2.3 中的方法制备纳米纤维素纤维样品。

3.2.4　塑性淀粉/纳米纤维素纤维（PS/CNFs）纳米复合膜的制备

PS/CNFs 纳米复合膜的制备主要依据文献中所述（Fu et al, 2011），具体操作步骤如下：

（1）准确称取 7 g（精确至 0.000 1 g）原玉米淀粉和 3 g（精确至 0.000 1 g）增塑剂（丙三醇和木糖醇的质量比例为 1∶1）加入烧杯中，再往里量取 200 mL去离子水，以形成浓度为 5%（w/v）悬浊液。然后，往悬浊液分别加入 5%、10%、15% 和 20% 的纳米纤维素纤维，将其置于 100 ℃ 的沸水浴中糊化 1 h，并以 300 r/min 的转速对其搅拌，使其加热更加均匀。糊化过程中，用 6 层保鲜膜将烧杯口密封住，以防止水分蒸发。

（2）将充分糊化后的淀粉糊降温至 70 ℃，置于真空干燥箱中，在真空环境下保持 30 min，以除去淀粉糊中的气泡。

（3）量取 13 mL 步骤（2）中所制备的淀粉浆液加入直径为 9 cm 的培养皿中，然后将其置于热风干燥箱中，在 45 ℃下干燥 6 h。最后，将膜置于恒温恒湿箱中，使其在相对湿度为43%，温度为 25 ℃的环境下平衡一个星期，备用。

空白淀粉膜的制备不含往悬浊液中加入纳米纤维素纤维的操作。纳米纤维素纤维含量分别为 5%、10%、15% 和 20% 的 PS/CNFs 纳米复合膜，我们分别将其命名为 PS/CNFs-5、PS/CNFs-10、PS/CNFs-15 和 PS/CNFs-20。

3.2.5　理化性能测试方法

3.2.5.1　表观形貌

本实验采用扫描电子显微镜（JSM-5800，JEOL Co，Ltd，Tokyo，Japan）对样品进行表观形貌的观察。具体操作步骤如下：

（1）将样品充分干燥。

（2）将干燥后的淀粉膜剪成 0.5 cm×0.5 cm 的方块，在红外灯下用导电胶将其固定在载物台上。

（3）将样品表面喷一层薄薄的铂金，喷金电流为 10 mA。

（4）将样品置于扫描电镜中，在加速电压为 15 kV 的条件下进行观察。

3.2.5.2　结晶度

使用 X-射线衍射仪（XD-2，北京普析通用仪器有限责任公司，北京）对样品进行结晶度的测定。具体操作步骤如下：

（1）取少量淀粉膜，绞碎后用玛瑙研钵对其进行碾磨处理。

（2）将研磨后的样品放进烘箱进行充分干燥。

（3）将粉末样品放入样品板的凹槽内，充分压实，然后仔细刮去高出样品板表面的多余部分。

（4）将样品板放入 X-射线衍射仪中，测试采用 X-射线粉状衍射分析模式进行叠扫，设定工作电压和电流分别为 36 kV 和 20 mA，扫描角度范围为

$5°\sim40°$（2θ），扫描速率为 $1°$/min，扫描角度间隔为 $0.02°$。

3.2.5.3　接触角

本实验采用接触角测量仪（JC2000D，上海中晨数字技术设备有限公司，上海）对样品进行接触角的测量，具体操作步骤如下：

（1）将淀粉膜平整粘在贴有双面胶的样品台上，然后慢慢将一滴去离子水挤出。

（2）待液滴稳定后，调整样品台 X Y，Z3 个方向的位置，使样品台上的淀粉膜慢慢与水滴接触，用 CCD 记录下整个过程（图 3-1），然后采用量高法（长度法）测出淀粉膜与水滴的接触角，具体方法如下：

$$\sin\theta = 2hr / (h^2 + r^2) \tag{3-1}$$

$$\tan\frac{\theta}{2} = \frac{h}{r} \tag{3-2}$$

其中，θ 为接触角（°），h 为去离子水液滴的高度（mm），r 为球形水滴与淀粉膜表面的接触圆半径（mm）。

3.2.5.4　透湿性

本章是根据美国材料与实验方法（ASTM）E96-80（1987），并加以改进，从而对样品的透湿性进行测定（Shi et al，2013）。具体步骤如下：

（1）剪取一小块淀粉膜，测出其厚度，备用。

（2）取一个干净的试管，用数显游标卡尺（精度为 0.01 mm）测出其内径，然后根据以式（3-3）算出其内径面积：

$$S = \pi R^2 \tag{3-3}$$

其中，S 为试管内径面积（m²），π 为圆周率，R 为试管内径半径（m）。

（3）往试管里放入适量的无水氯化钙，再用上述淀粉膜将试管口密封住，并称重（精确到 0.000 1 g）。

（4）将上述试管放入恒温恒湿箱中，环境温度设为 25 ℃，相对湿度为75%。

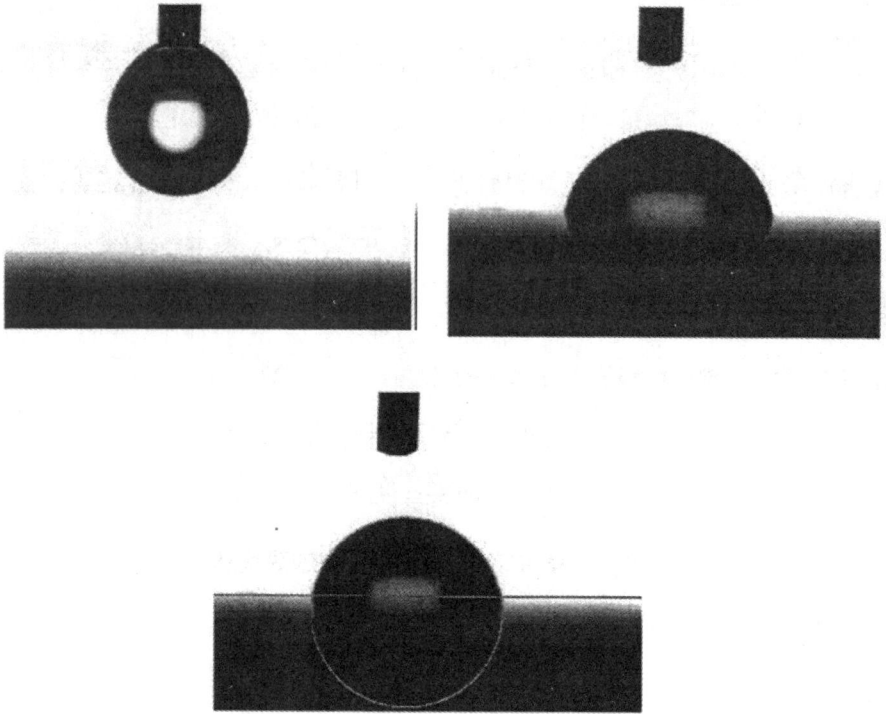

图 3-1 接触角测定示意图

（5）由于试管内外存在水蒸气压差（试管外相对湿度为 75%，试管内相对湿度为 0%），因此，水分子会透过淀粉膜进入小烧杯中，每隔 24 h 测定一次试管的重量，得出每次试管增加的重量，持续 7 天。

（6）以试管的质量变化为纵坐标，时间为横坐标作图，通过一元线性回归得到其斜率，然后，样品的水蒸气透过率（透湿率）（WVTR）和透湿系数（WVP）分别通过式（3-4）和式（3-5）得到：

$$MVTR = \frac{1}{A}\left(\frac{\Delta m}{t}\right) \tag{3-4}$$

$$WVP = \frac{WVTR \times h}{P \times (R_1 - R_2)} \tag{3-5}$$

其中，A 为试管的内径面积（m^2），Δm 为试管的质量变化（g），t 为时间（h），h 为淀粉膜的厚度（m），P 为水的饱和蒸汽压（25 ℃下为 3.169×10^3 Pa），R_1 为试管外的相对湿度（75%），R_2 为试管内的相对湿度（0%）。

3.2.5.5　透光性

本实验在 BSI 标准方法的基础上进行改进，采用紫外可见分光光度计（TU-1810，北京谱析通用有限责任公司，北京）对样品的透光性进行检测（Fu et al，2011）。具体操作步骤如下：

（1）将淀粉膜剪成 40 mm×10 mm 的长条状，贴于紫外可见分光光度计比色皿的外壁上，在 400～800 nm 范围内进行全波长扫描。

（2）将得到的全波长扫描图谱中曲线与 X 轴所围成的面积记为吸光度值，即为不透光率，单位为 AU·nm。

3.2.5.6　玻璃化转变温度（T_g）

本实验采用差式扫描量热仪（Q10，TA Instruments，New Castle，USA）对样品进行玻璃化转变温度的检测。具体操作步骤如下：

（1）取少量淀粉膜，用研钵磨成极细粉末，准称取 5 mg（精确至 0.01 mg）左右样品置于平板坩埚中，密封。

（2）将上述制好的样品放进差式扫描量热仪中进行检测，温度在氮气环境下从-50 ℃扫描到 100 ℃，扫描速率为 10 ℃/min，采用 2000 型万能分析软件（TA Instruments，New Castle，USA）对扫描结果进行分析，从而得到玻璃化转变温度。

3.2.5　数据分析

本章中所有试验均重复三次，表中数据均用平均值与标准偏差表示。使用单向方差分析（one-way analysis of variance，one-way ANOVA）对同组数据进行分析，同时采用邓肯多重比较检验来对数据的显著性差异进行分析，取 p＜0.05，所用的数据分析软件为 SPSS 21.0（SPSS Inc, Chicago, USA）。

3.3 结果与分析

3.3.1 纳米纤维素纤维对 PS/CNFs 膜表观形貌的影响

样品的表面微观结构如图 3-2 所示。从图 3-2 我们可以看出，纳米纤维素纤维会改变淀粉膜的表观形貌。从图 3-2（b—e）我们还可以看出，纯淀粉膜的表面非常光滑，而含有纳米纤维素纤维的 PS/CNFs 膜表面粗糙，表面出现少量束状的纳米纤维素纤维，且它们能够很好地镶嵌在淀粉膜中。当纳米纤维素纤维的含量达到 20%时，它的分散性能会变差，分布不均匀，出现了更多的团聚现象。

样品的横截面微观结构如图 3-3 所示。从图 3-3 我们可以看出，纯淀粉膜的横截面非常光滑，而含有纳米纤维素纤维的 PS/CNFs 膜横截面出现了很多的白点，且白点的数量随着纳米纤维素纤维的增加而增多，这些白点就是纳米纤维素纤维的横断面，这表明纳米纤维素纤维不仅分布在淀粉膜的表面，还有很多分布在淀粉膜的内部（Ljungberg et al, 2005）。从图 3-3（b—e）我们还可以看出，横截面没有大的团聚体出现，且纳米纤维素纤维能够均匀地分布在 PS/CNFs 膜中。同时，我们还可以得知，并没有纳米纤维素纤维从淀粉膜中脱离出来，这表明纳米纤维素纤维和淀粉以及塑化剂有着非常好的兼容性。这种好的兼容性得益于淀粉和纤维素之间有着类似的化学性质，以及他们之间能形成强烈的氢键。Lu 等人制备的淀粉-棉籽微晶纤维素生物复合材料与本实验有着类似的研究结果（Lu et al, 2005）。

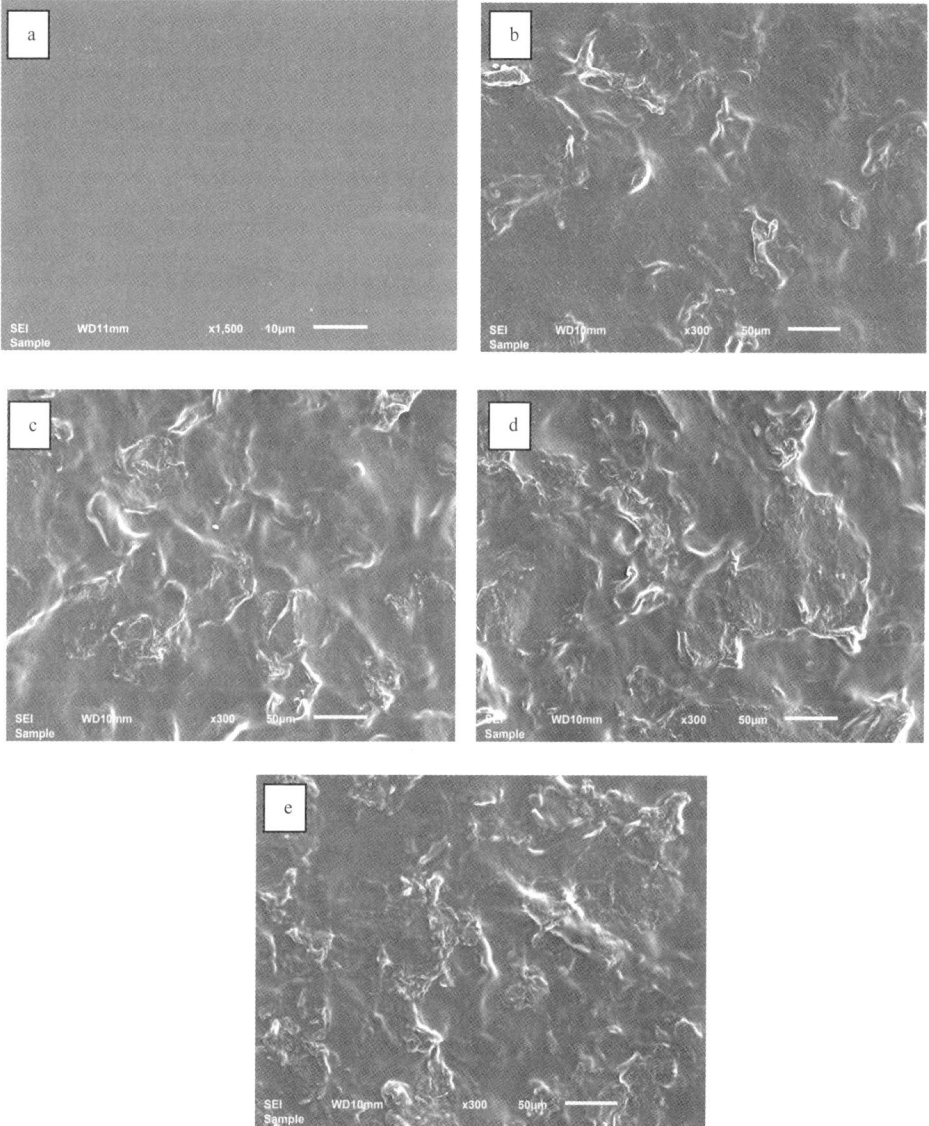

图 3-2　不同纳米纤维素纤维含量的 PS/CNFs 膜表面的 SEM 图

a. 0%；b. 5%；c. 10%；d. 15%；e. 20

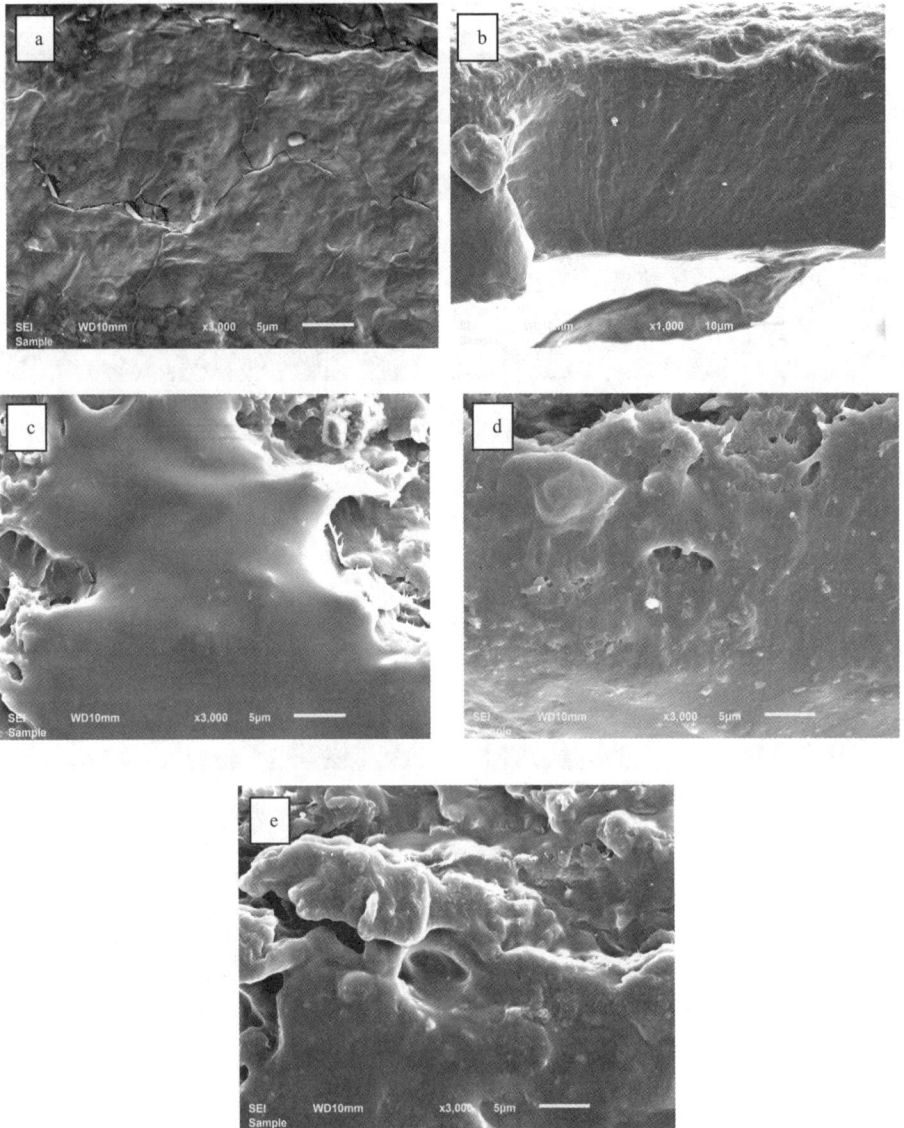

图 3-3　不同纳米纤维素纤维含量 PS/CNFs 膜横截面的 SEM 图

a. 0%；b. 5%；c. 10%；d. 15%；e. 20%

3.3.2　纳米纤维素纤维对 PS/CNFs 膜结晶度的影响

本实验采用 X 射线衍射图谱来研究纳米纤维素纤维对 PS/CNFs 膜结晶度的影响。图 3-4 给出了纯淀粉膜和 PS/CNFs 膜的 X 射线衍射图。从图 3-4 我们可以得知，纯淀粉膜在 $2\theta=16.5°$（A 型或者 B 型晶型），$2\theta=19.5°$（V 型晶型）和 $2\theta=21.6°$（典型的 B 型晶型）处有结晶峰，但是在 $2\theta=21.6°$ 处的结晶峰非常弱，明显小于 $2\theta=16.5°$ 处的结晶峰。这三个结晶峰的 d 值分别为 5.37 Å，4.68 Å 和 4.11 Å，这与 Fu 等人的研究结果类似（Fu et al，2011）。与玉米淀粉的 X 射线衍射图谱相比，淀粉膜在 25° 处的结晶峰消失了（Lawal et al，2005）。在 Gatenholm 等人的研究中，认为天然的谷物类淀粉的晶型为 A 型，天然块茎类淀粉的晶型为 B 型，而糊化后的淀粉一般以 B 型结晶方式存在（Gatenholm et al，1997）。糊化后的淀粉，其晶体结构主要取决于淀粉颗粒的重结晶和老化。V 型晶体结构的形成原因主要有两点：① 淀粉颗粒中直链淀粉的脱离；② 加热过程中，直链淀粉和丙三醇混合形成的单个螺旋晶体结构。热塑性淀粉在 $2\theta=18°$ 处有一个特征峰，它代表着材料的完全非晶态（Angellier et al，2006）。然而，在淀粉膜中并没有出现此峰，这说明在加热过程中原淀粉颗粒的晶体结构已经消失了。

从图 3-4 可以看出，PS/CNFs 膜在 $2\theta=15.8°$ 和 21.4° 两处出现比较明显的衍射峰，纳米纤维素纤维刚好也在这两处出现结晶峰，这分别对应的是典型的纤维素 I 晶体结构特征。这表明 PS/CNFs 膜的衍射峰主要是由其中纳米纤维素纤维造成的；同时也表明，在成膜过程中，纳米纤维素纤维的晶体结构和结晶度得以较好的保留下来。

从图 3-4 还可以得知，PS/CNFs 膜在 $2\theta=15.8°$ 和 21.4° 这两处的衍射峰明显比纯淀粉膜的衍射峰更加尖锐和细窄，这表明 PS/CNFs 膜拥有比纯淀粉膜更高的结晶度。同时，PS/CNFs 膜衍射峰的尖锐度随着纳米纤维素纤维含量的增加增大，这表明 PS/CNFs 膜的结晶度随着纳米纤维素纤维的增加而增大。然而，在所有样品的 X 射线衍射图谱中，即使衍射峰的强度随着纳米纤维素纤维含量的增加而增大，但是并没有出现新的结晶峰，也没有出现衍射峰位漂移的现象。因此，综上所述，PS/CNFs 膜的衍射图谱仅仅是淀粉和纳米纤维素纤维两种物质衍射图谱的叠加，纳米纤维素纤维并没有改变淀粉膜的晶体结构。

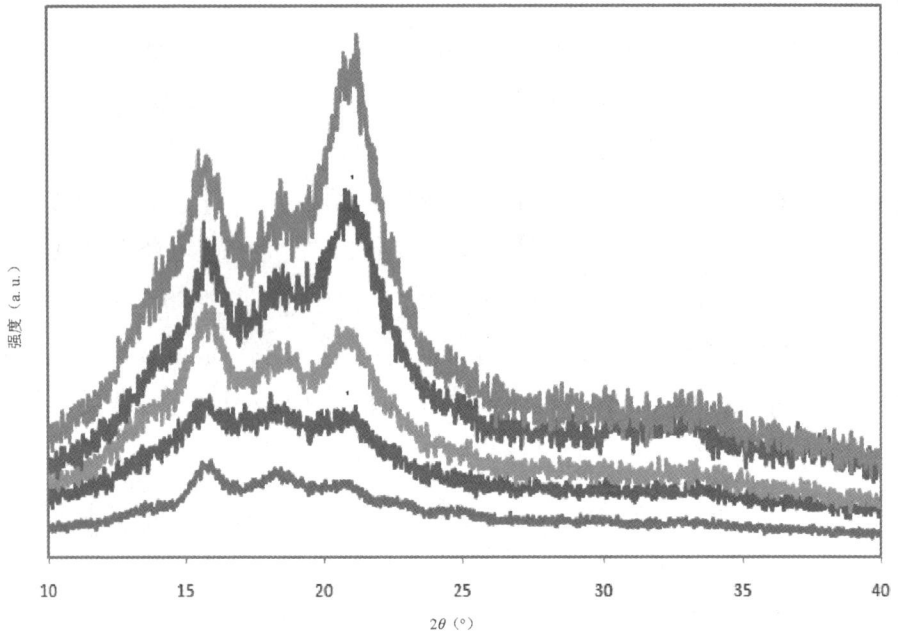

图 3-4 PS/CNFs 膜的 XRD 图

（a）PS/CNFs-0；（b）PS/CNFs-5；（c）PS/CNFs-10；（d）PS/CNFs-15；（e）PS/CNFs-20

3.3.3　纳米纤维素纤维对 PS/CNFs 膜接触角的影响

淀粉是一种由葡萄糖分子聚合而成的多糖，因此具有较好的亲水性能。但是对于应用在复合材料领域的淀粉膜来说，应该最大限度地降低其亲水性能。淀粉膜的亲水性可以用水滴在淀粉膜上的初始接触角来表征（Nafchi et al，2012），接触角值的大小可以客观地反映样品与水的亲疏性：当接触角小于 90° 时，接触角越小，样品的亲水性能越好。表 3-1 给出了纯淀粉膜和

PS/CNFs 膜与水的接触角值。从表中数据可以看出，纳米纤维素纤维对淀粉膜的亲水性有很大的影响，但是所有样品的接触角值都小于 90°，这表明无论是纯淀粉膜还是 PS/CNFs 膜都有较好的亲水性（Muscat et al，2013）。从表 3-1 我们可以得知，PS/CNFs 膜的接触角明显大于纯淀粉膜的接触角，并且 PS/CNFs 膜的接触角值随着纳米纤维素纤维含量的增加从 49.46°逐渐增大到了 88.57°，这表明纯淀粉膜比 PS/CNFs 膜具有更好的亲水性能，同时 PS/CNFs 膜的亲水性能会随着纳米纤维素纤维含量的增加会逐渐减弱。

表 3-1　不同纳米纤维素纤维浓度对 PS/CNFs 膜的接触角、
透湿性、透光性和玻璃化转变温度的影响[*]

淀粉膜	接触角（°）	透湿性（透湿系数）（10^{-7}g·Pa^{-1}·h^{-1}·m^{-1}）	吸光度（AU·nm）	玻璃化转变温度（T_g）（℃）
PS/CNF-0	49.46± 4.64[a]	4.734±0.291[a]	101.253±2.787[a]	39.56±0.52[a]
PS/CNF-5	62.60± 2.93[b]	4.288±0.133[b]	157.195±9.786[b]	45.08±1.37[b]
PS/CNF-10	71.77± 6.00[c]	3.752±0.322[c]	180.472±5.584[c]	48.93±0.94[c]
PS/CNF-15	81.62± 2.20[d]	3.001±0.214[d]	218.596±6.296[d]	53.02±1.76[d]
PS/CNF-20	88.57± 2.60[e]	3.323±0.107[e]	197.614±6.351[e]	57.35±1.04[e]

[*]数据用三次平均重复的平均值±标准差表示，同一列中数据的不同上标代表数据间有显著差异（$p < 0.05$）

3.3.4　纳米纤维素纤维对 PS/CNFs 膜透湿性的影响

淀粉是一种分布非常广泛的高分子聚合物，但是它的抗水性非常差。因此对于淀粉膜来说，如何其提高抗水性，是一个亟待解决的问题。透湿系数（WVP）能够反映淀粉膜的抗水性能，它主要取决于水分子在淀粉膜中的扩散性、溶解性和渗透性。水分子首先从淀粉膜的一侧扩散并溶解在淀粉分子链中，然后穿过淀粉膜中的空隙空间，最后从膜的另一侧释放出来（Miller et al，1997）。本实验采用丙三醇和木糖醇作为塑化剂，由于这两种塑化剂具有很好的亲水性，它们的添加提高了淀粉膜的透湿性。

纯淀粉膜和 PS/CNFs 膜透湿性测试结果见表 3-1。从表 3-1 我们可以看出，纯淀粉膜和 PS/CNFs 膜的透湿性有着很大的差异。纯淀粉膜具有最大的透湿性，WVP 值为 $4.734 \times 10^{-7} \, g \cdot m^{-1} \cdot h^{-1} \cdot Pa^{-1}$；纳米纤维素纤维的添加明显降低了淀粉膜的透湿性，随着纳米纤维素纤维的增加，PS/CNFs 膜的 WVP 值越来越小，直至降到了 $3.001 \times 10^{-7} \, g \cdot m^{-1} \cdot h^{-1} \cdot Pa^{-1}$（PS/CNFs-15）。这表明纳米纤维素纤维阻碍了水分子在淀粉膜中的扩散或者渗透。这是因为纳米纤维素纤维填充了淀粉膜中的空隙空间，从而使膜的内部结构更加紧实了。随着淀粉膜结构紧实度的增加，水分子在膜中的扩散、溶解和渗透也会受到更大的限制，从而导致了 PS/CNFs 膜更低的 WVP 值（Phan The et al，2009）。纳米纤维素纤维的大分子量和其很低的水溶解性也是导致 PS/CNFs 膜抗水性能增加的一个重要原因（Müller et al，2009）。Chung 等人认为影响水分子透过淀粉膜有很多因素，例如淀粉膜的化学结构、直链淀粉与支链淀粉的百分比、结晶度、填充物（比如纳米纤维素纤维）、塑化剂的含量以及周围环境的相对湿度（Chung et al，2007）。在 Cao 等人的研究中，纤维晶体和淀粉基质之间可以形成非常强烈的氢键，此氢键的形成将会降低水分子在复合材料中的扩散系数（Cao et al，2008）。

然而，PS/CNFs 膜的 WVP 值并不是一直随着纳米纤维素纤维的增加而变小，当纳米纤维素纤维含量达到20%时，与 PS/CNFs-15 相比，PS/CNFs-20 反而呈现出更高的 WVP 值。这是因为，在 PS/CNFs 膜中出现了更多的团聚现象，产生了更大的团聚体系和更大的空隙空间，这些都有利于水分子的渗透。

3.3.5 纳米纤维素纤维对 PS/CNFs 膜透光性的影响

在食品包装领域，膜的透光性是一个非常重要的性能（Gontard et al，1992）。由于膜的厚度直接影响膜的透光性能，因此在本实验中，所有的淀粉膜都严格控制在一个厚度。纯淀粉膜和 PS/CNFs 膜的透光性能测试结果见表 3-1，低的吸光度值表明样品具有更好的透光性。从表 3-1 我们可以看出，纳米纤维素纤维对淀粉膜的吸光度值有着很大的影响。纯淀粉膜的吸光度值最小，为 101.253 AU·nm，即透光性最好。而 PS/CNFs 膜的吸光度明显大于纯淀粉膜的吸光度，PS/CNFs 膜的吸光度会随着纳米纤维素纤维的增加逐渐增大，PS/CNFs-15 的吸光度最大，为 218.708 AU·nm，这表明纳米纤维素纤维的加入能够阻碍可见光的透过。这是因为纳米尺寸的纳米纤维素纤维能够很好地填补淀粉膜中淀粉分子与塑化剂间的空隙，从而阻碍光的透过。但是，PS/CNFs 膜的吸光度不会随着纳米纤维素纤维含量的增加一直增大，当其含量超过 15% 时，PS/CNFs 膜的吸光度反而呈下降趋势。这是因为纳米纤维素纤维的含量超过 15% 时，其在淀粉膜中会因为团聚而形成大直径的纤维束，其尺寸会超过淀粉膜中淀粉分子与塑化剂之间的空隙，不但不能填补空隙，反而会产生新的空隙，从而导致淀粉膜透光性的提高。

3.3.6　纳米纤维素纤维对 PS/CNFs 膜 T_g 的影响

玻璃化转变温度（T_g）是恒量高分子材料热学性能的一个重要指标，在此温度下，高分子材料从玻璃态转变为高弹态。纯淀粉膜和 PS/CNFs 膜的玻璃化转变温度结果见表 3-1。从表 3-1 我们可以看出，纳米纤维素纤维明显地提高了淀粉膜的玻璃化转变温度：纯淀粉膜的玻璃化转变温度最低，为 39.56 ℃；PS/CNFs-20 的玻璃化转变温度最高，为 57.35 ℃。PS/CNFs 膜的玻璃化转变温度温度会随着纳米纤维素纤维的增加而逐渐增大，这主要是因为相比于淀粉，纳米纤维素纤维具有更高的结晶度和玻璃化转变温度，它的添加提高了其玻璃化转变温度；还有一个原因是纳米纤维素纤维与淀粉和塑化剂之间具有很好的相容性，而且纳米纤维素纤维和淀粉之间还能形成很强的氢键作用，因此提高了淀粉膜的玻璃化转变温度；同时，纳米纤维素纤维能够很好地填补淀粉和塑化剂之间的空隙空间，使淀粉膜的内部结构更加紧实了，从而提高了淀粉膜的玻璃化转变温度。

3.4　本章小结

本章通过溶液铸膜法制得塑性淀粉/纳米纤维素纤维复合膜（PS/CNFs），利用扫描电子显微镜（SEM）、X射线衍射仪（XRD）、接触角测量仪、可见紫外分光光度计和差式扫描量热仪（DSC）等手段，研究纳米纤维素纤维对淀粉膜的表观形貌、结晶度、亲水性、透湿性、透光度和热稳定性等理化性能的影响。本章研究的具体结论如下：

（1）当纳米纤维素纤维含量小于或者等于15%时，其能够非常均匀地分布在淀粉基体中，这是因为淀粉和塑化剂与纳米纤维素纤维有着很好的相容性，且淀粉与纤维素之间能形成强烈的氢键作用；当纳米纤维素纤维含量达到20%时，它的分散性能会变差，分布不均匀，出现了很多团聚现象。

（2）PS/CNFs膜的结晶衍射峰主要是由其中的纳米纤维素纤维引起的，并且在成膜过程中，纳米纤维素纤维的晶体结构并没有发生变化，纳米纤维素纤维也没有改变淀粉膜的晶体结构。纳米纤维素纤维能够大大地提高淀粉膜的结晶度，其结晶度会随着纳米纤维素纤维含量的增加而显著增大（$p < 0.05$）。

（3）纳米纤维素纤维能显著地降低淀粉膜的亲水性（$p < 0.05$），并且PS/CNFs膜的亲水性会随着纳米纤维素纤维含量的增加而逐渐降低。

（4）纳米纤维素纤维明显降低了淀粉膜的透湿性，这是因为纳米纤维素纤维填充了淀粉膜中的空隙空间，从而使膜的内部结构更加紧实了，水分子在膜中的扩散、溶解和渗透也会受到更大的限制。纳米纤维素纤维的大分子量和其很低的水溶解性也是导致PS/CNFs膜抗水性能增加的一个重要原因。然而，当纳米纤维素纤维的含量为20%时，PS/CNFs膜的透湿性却增加了，这是因为PS/CNFs膜中出现了更多的团聚现象，产生了更大的团聚体系和更大的空隙空间，这些都有利于水分子的渗透。

（5）纳米纤维素纤维能够明显降低PS/CNFs膜的透光度。纯淀粉膜吸光度最小，为 101.253 AU·nm，即透光性最好；PS/CNFs-15 的吸光度达到最大，为 218.708 AU·nm，即透光性最弱。当纳米纤维素纤维含量为 20%时，膜的透光性却增强了，这是因为淀粉膜中形成了更大的团聚体系，会产生新的空隙，从而导致淀粉膜的透光性的提高。

（6）纳米纤维素纤维能够显著提高 PS/CNFs 膜的玻璃化转变温度，且 PS/CNFs 膜的玻璃化转变温度会随着纳米纤维素纤维含量的增加而逐渐增大（从 41.25 ℃增大到 57.35 ℃）。

第 4 章　纳米纤维素纤维对淀粉膜流变性能影响的研究

4.1　引　言

近年来，纳米纤维素纤维在复合材料的应用越来越受到广大科学家们的重视，但是大多数纳米纤维素纤维增强复合材料的研究都是关于杨氏模量和拉伸强度等力学性质，却没有人对复合材料的粘弹性等流变学特性进行系统的分析和深入的研究。流变学是力学的一个新分支，它主要研究物理材料在应力、应变、温度湿度、辐射等条件下，其形变和流动随时间的变化规律（Famá et al，2005；Chen et al，2008）。流变学测量是观察高分子材料内部结构的窗口，通过高分子材料中不同尺度分子链的响应，可以表征高分子材料的分子量和分子量分布，能快速、简便、有效地进行原材料、中间产品和最终产品的质量检测和质量控制。

詹姆斯·克拉克·麦克斯韦（James Clerk Maxwell）在 1869 年发现，材料可以是弹性的，也可以是粘性的。后来许多学者发现，受到恒定应力的作用下，材料会随着时间继续发生形变，这种性能就是蠕变。蠕变-恢复性能是高分子材料一个非常重要的性能，是由材料的分子和原子结构的重新调整引起的，这一过程可用延滞时间来表征；当卸去载荷时，材料的变形部分地回复或完全地回复到起始状态，这就是结构重新调整的另一现象，它与高分子材料的耐用性和可靠性密切相关（Krempl et al，2003；Aifantis，1987）。蠕变是物质内部结构变化的外部显现。这种可观测的物理性质取决于材料分子（或原子）结构的统计特性。因此在一定应力范围内，单个分子（或原子）的位置虽会有改变，但材料结构的统计特征却可能不会变化。当作用在材料上的应力小于某一数值时，材料仅产生弹性形变；当应力大于该数值时，材料将会产生部分或完全永久变形。

Burgers'模型，也被称为四元件模型，它是根据高分子的分子运动机理设计的，通常被用来描述高分子聚合物的蠕变过程（Del Nobile et al，2007）。如图 4-1 所示，四元件模型可以看作是 Maxwell 模型和 Kelvin 模型串联而成的。从这个模型也可以看出，受到一个作用力时，高分子聚合物的形变既有弹性形变，也存在粘性形变，主要由瞬时弹性形变、迟滞弹性形变和粘性流动三部分组成。Acha 等人的研究表明，黄麻纤维能够显著提高聚乙烯-黄麻复合材料的抗蠕变性，并且可以利用 Burbers'模型对蠕变实验数据进行很好的拟合（Acha et al，2007）。

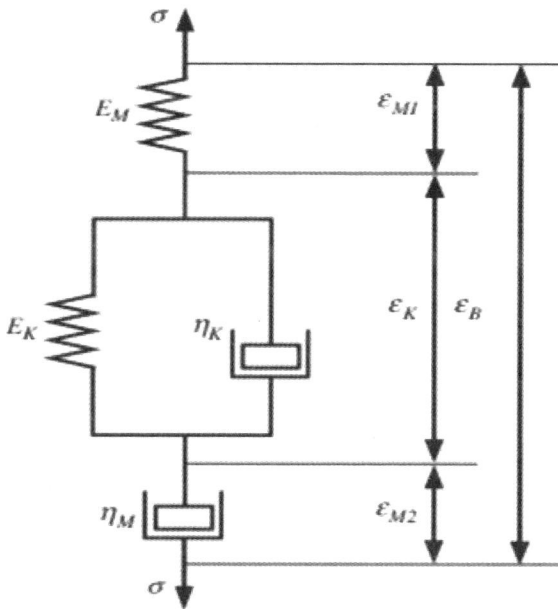

图 4-1 Burgers'模型示意图

很多材料专家利用动态机械分析仪（DMA）测量高分子材料的力学性能与时间或者温度的关系，却很少有人研究材料的力学性能与频率的关系。频率是影响复合材料粘弹性的一个重要因素：在低频率下，材料主要表现出粘性特性或者类似于流体的性质；在高频率下，材料主要表现出弹性特性或者是刚性行为。这种粘弹性的变化主要是因为，频率增加导致粘弹性的变化类似于温度降低导致材料粘弹性的变化（Menard，1999）。Mendieta-Taboada 等人对聚乙烯醇（PVA）-明胶复合膜进行频率扫描测试，频率扫描范围为 0.01～200 Hz。实验表明，复合膜的储能模量随着 PVA 含量的增加而增大，直至 PVA 含量达到 30%（Mendieta-Taboada et al，2008）。

本章通过溶液铸膜法制得塑性淀粉/纳米纤维素纤维复合膜（PS/CNFs），采用动态机械分析仪（DMA）对 PS/CNFs 膜的频率扫描、蠕变-恢复等流变性能进行测定，并利用 Power Law 模型和四元件模型对其流变性能进行模拟，从而可以将复合材料的微观内部结构与宏观的机械性能建立联系，研究纳米纤维素纤维-淀粉膜形成及其功能特性发生的作用机理，为纳米纤维素纤维应用在材料领域奠定理论基础。

4.2　材料与方法

4.2.1　试验材料

试验材料同第 3 章。

4.2.2　主要仪器

电热恒温鼓风干燥箱（101-3 型）上海路达试验仪器有限公司（中国）

磁力搅拌器（85-2）　　　　　江苏金坛精达仪器厂（中国）

数显搅拌器（EUROSTAR）　　　IKA Instruments.（德国）

分析天平（AL204）　　　　　　Mettler-Toledo International Inc.（瑞士）

真空干燥箱　　　　　　　　　　上海双旭电子有限公司（中国）

DMA（Q800）　　　　　　　　　TA Instruments.（美国）

4.2.3　纳米纤维素纤维的制备

按照 2.2.3 中的方法制备纳米纤维素纤维样品。

4.2.4　塑性淀粉/纳米纤维素纤维（PS/CNFs）纳米复合膜的制备

按照 3.2.4 中的方法制备 PS/CNFs 复合膜。

4.2.5　流变学特性

使用 Q800 型动态机械分析仪（TA Instruments Ltd，New Castle，USA）对 PS/CNFs 纳米复合膜的流变特性进行测量，研究纳米纤维素纤维对淀粉膜流变特性的影响。将 PS/CNFs 膜切成尺寸为 30 mm×7 mm 的长条状，平均厚度为 0.01～0.05 mm。测试使用拉伸夹具，将膜的一端固定，另一端可跟着夹具移动。所有测试都是在样品的线性粘弹区内进行的；所有样品在测试前，都会对其施加一个微弱的预载力，使膜保持一个良好的延展状态（Pandini et al，2012）。

4.2.5.1　频率扫描测试

设定预载力为 0.02 N，样品在 35 ℃下平衡 2 min，然后对其施以 0.05% 的形变，频率从 0.1 Hz 扫描到 50 Hz，通过万能分析软件（TA Instruments Ltd，New Castle，USA）得到 PS/CNFs 膜储能模量-频率曲线和损耗模量-频率曲线。

4.2.5.2　蠕变−恢复测试

设定预载力为 0.02 N，样品在 35 ℃下平衡 2 min，对其施加一个 8 MPa 的静态应力并维持 5 min，然后取消应力，使 PS/CNFs 膜恢复 5 min，同时通过万能分析软件得到样品蠕变-恢复曲线和蠕变柔量的变化曲线。

4.2.6　模型模拟

4.2.6.1 Power Law 模型

为了表征样品在频率扫描下表观粘弹性的变化规律，我们利用 Power Law 模型对样品的储能模量进行模拟，并使用数据分析软件 Spass 21.0 对实验数据进行非线性回归：

$$G' = K' \cdot \omega^{n'} \tag{4-1}$$

其中，G' 表示弹性模量（Pa），K' 代表稠度系数（常数）（Pa sn），ω 代表角频率（rad/s），n' 代表频率指数。

4.2.6.2 Burgers' 模型

Burgers' 模型（四元件模型）是根据高分子的分子运动机理设计的，它是由 Maxwell 模型（M 体）与 Kelvin 模型（K 体）串联组合的结构模型（Findley et al, 1989）。高分子聚合物的形变通常包含三个部分：第一部分是由分子内部键长键角改变引起的瞬时弹性形变［式（4-2）的第一部分］，它是一个定值，不随时间的变化而变化，可以用一个硬弹簧 E_M 来模拟；第二部分是链段的伸展、卷曲引起的迟滞形变［式（4-2）的第二部分］，这种形变是随时间变化的，它代表着蠕变最先开始的阶段，可以用弹簧 E_K 和粘壶 η_K 并联起来去模拟；第三部分是由高分子之间的滑移引起的粘性流动［式（4-2）的最后一部分］，它是随时间线性变化的，它表征的是聚合物长期的蠕变趋势，类似于遵循牛顿定律粘性流体的形变，可以用一个粘壶 η_M 来模拟。因此，高分子聚合物的总形变等于这三部分形变的总和。从高分子结构的观点出发，这也表明高分子聚合物的形变既有弹性形变，也包含粘性形变。

应用 Burgers' 模型来描述 PS/CNFs 膜的蠕变过程，并使用数据分析软件 Spass 21.0 对实验数据进行非线性回归：

$$\varepsilon(t) = \frac{\sigma_0}{E_M} + \frac{\sigma_0}{E_K}(1 - e^{-t/\tau}) + \frac{\sigma_0}{\eta_M}t \qquad (4\text{-}2)$$

$$\tau = \frac{\eta_K}{E_K} \qquad (4\text{-}3)$$

基于 Burgers' 模型，对时间 t 进行求导，从而计算出蠕变率 ε'（Wang et al，2008）

$$\varepsilon'(t) = \frac{d\varepsilon(t)}{dt} = \frac{\sigma_0}{\eta_K}e^{-t/\tau} + \frac{\sigma_0}{\eta_M} \qquad (4\text{-}4)$$

从式（4-4）可知，当蠕变时间无穷大的时候（$t=\infty$），蠕变率会逐渐趋于稳定，最终成为一个定值，如式（4-5）所示：

$$\varepsilon'(\infty) = \frac{d\varepsilon(t)}{dt}\Big|_{t=\infty} = \frac{\sigma_0}{\eta_M} \qquad (4\text{-}5)$$

其中，$\varepsilon(t)$ 表示某一时间点的蠕变应变（%），t 表示应力的作用时间（s），σ_0 表示试验加载的应力（MPa），E_M 表示 Maxwell 弹簧的弹性模量，E_K 表示 Kelvin 弹簧的弹性模量，τ 是产生 63.2% 的形变所需的迟滞时间，η_M 表示 Maxwell 阻尼的黏度，η_K 表示 Kelvin 阻尼的模量，$\varepsilon'(t)$ 表示某一时间点的蠕变率（s-1），$\varepsilon'(\infty)$ 表示时间无穷大时的蠕变率（s-1）。

4.2.7　数据分析

本章中所有试验均重复三次，测试数据都是通过 TA Theology Advantage Data Analysis software 软件直接获取。表中数据均用平均值与标准偏差表示。使用单向方差分析（one-way analysis of variance，one-way ANOVA）对同组数据进行分析，并采用邓肯多重检验法对数据的显著性差异进行分析，取 p ＜0.05，所用的数据分析软件为 SPSS 21.0（SPSS Inc，Chicago，USA）。

4.3　结果与讨论

4.3.1　纳米纤维素纤维对淀粉膜频率扫描测试的影响

图 4-2　和图 4-3 分别给出了 PS/CNFs 膜的储能模量（G'）和损耗模量（G"）随频率的变化趋势。

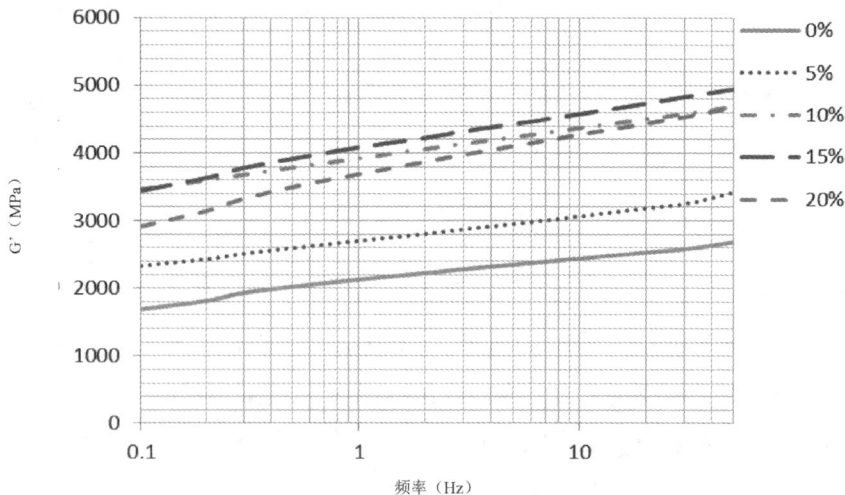

图 4-2　纳米纤维素纤维浓度对淀粉膜储能模量随频率变化趋势的影响

从整体上来看，所有 PS/CNFs 膜的储能模量都随着频率的增加而增大。但是，损耗模量在较低频率下（0.1～1 Hz），其损耗模量是随着频率的增加而减小；在较高频率下（1～50 Hz），其损耗模量随着频率的增加而增大，但是增幅明显小于储能模量。因为，在低频率阶段，样品需要更长的时间去恢复形变，因此，它们表现出低弹性的特征；在高频率阶段，样品恢复形变的时间变短，因此，它们主要表现出的是弹性特性。从图 4-2 和图 4-3 我们可以看出，在整个频率范围内（0.1～50 Hz），所有淀粉膜的储能模量均高于储能模量，（损耗角），这表明样品以弹性性能为主导（Cespi et al，2011）。对于不同的淀粉膜来讲，添加纳米纤维素纤维的 PS/CNFs 膜的储能模量和损耗模量都明显高于纯淀粉膜的储能模量和损耗模量，这说明纳米纤维素纤维能够同时增加淀粉膜的弹性性能（固体性质）和粘性性能（液体性质）。这是因为，纳米纤维素纤维能够均匀地分布在淀粉基质中，且相对于丙三醇、木糖醇和淀粉来说，纳米纤维素纤维拥有更高的硬度。还有一个原因就是，纳米纤维素纤维和淀粉拥有相似的化学性质，它们之间会产生强烈的氢键作用（Lu et al，2005）。

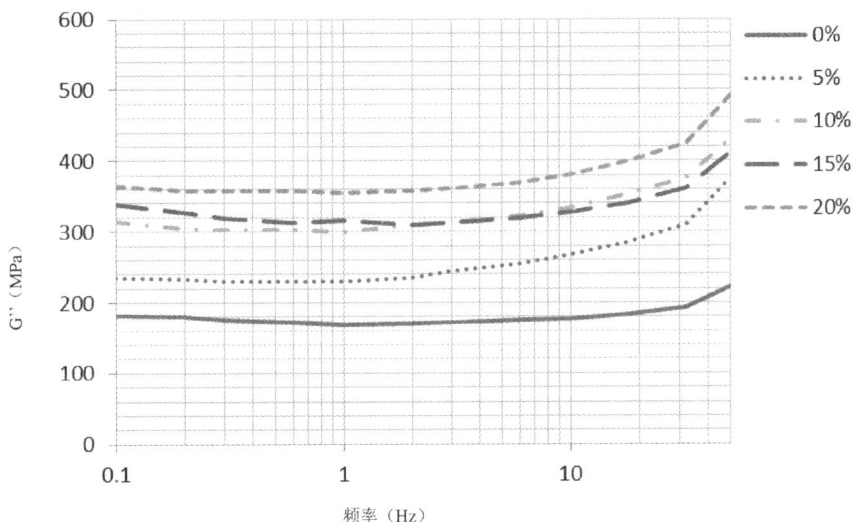

图4-3　纳米纤维素纤维浓度对淀粉膜损耗模量随频率变化趋势的影响

纯淀粉膜和 PS/CNFs 膜的 Power Law 模型参数值见表 4-1。从表 4-1 我们可以看出，通过 Power Law 模型拟合出来的储能模量，其回归相关系数均高于 0.98，拟合度非常高；显而易见，PS/CNFs 膜的 K' 值明显大于纯淀粉膜的 K' 值，并且随着纳米纤维素纤维的增加，其 K' 值也跟着增大，当纳米纤维素纤维的含量达到 15%时，达到最大值。这表明，在测试的频率范围内（0.1～50 Hz），PS/CNFs 膜具有更好的弹性性能，且其弹性性能随着纳米纤维素纤维的增加而明显提高了。从表 4-1 我们还可以看出，n' 值呈现出先减小再增大的趋势，当纳米纤维素纤维的含量为 10%时，达到最低值。这表明，PS/CNFs

膜中纳米纤维素纤维的含量低于 10%时，添加纳米纤维素纤维后，PS/CNFs膜的 G' 值随频率增加而更加稳定。

表 4-1　纳米纤维素纤维浓度对淀粉膜频率扫描曲线 Pow Law 模型模拟结果的影响[*]

淀粉膜	K'（Pa·s^n）	n'	R^2
PS/CNFs-0	$1\,881.55 \pm 69.43^a$	0.071 ± 0.004^a	0.981
PS/CNFs-5	$2\,405.93 \pm 7.1^b$	0.059 ± 0.007^b	0.997
PS/CNFs-10	$3\,275.1 \pm 418.26^c$	0.048 ± 0.005^c	0.998
PS/CNFs-15	$3\,633.73 \pm 21.73^d$	0.052 ± 0.004^d	0.990
PS/CNFs-20	$3\,170.64 \pm 55.29^e$	0.064 ± 0.006^e	0.982

[*]数据用三次平均重复的平均值±标准差表示，同一列中数据的不同上标代表数据间有显著差异（$p < 0.05$）

4.3.2　纳米纤维素纤维对 PS/CNFs 膜蠕变−恢复测试的影响

图 4-4 给出了样品短期的蠕变-恢复测试结果。从图 4-4 我们可以看出，所有淀粉膜均呈现明显的蠕变特性：瞬时应变急剧上升，接着平稳缓慢上升，最后趋于稳定，而恢复阶段则刚好相反。在整个蠕变-恢复过程中，PS/CNFs膜的蠕变形变和不可恢复形变都明显（$p < 0.05$）低于纯淀粉膜，这说明纳米纤维素纤维减弱了淀粉膜的蠕变特性。相对于纯淀粉膜来讲，PS/CNFs-5 膜的最大蠕变形变减少了 33%，而 PS/CNFs-15 膜的最大蠕变形变最低，减少程度达到了 69%。这是因为，纳米纤维素纤维能够很好地分布在淀粉膜当中，当对淀粉膜施加一定的外力时，纳米纤维素纤维能够有效地阻止淀粉链的运动，从而可以使淀粉膜承受更大的外力作用（Yang et al, 2006）。然而，PS/CNFs膜的蠕变形变并不会随着纳米纤维素纤维含量的增加而一直减小，当纳米纤维素纤维含量达到 20%时，PS/CNFs-20 却比 PS/CNFs-15 表现出更大的蠕变形变和不可恢复形变。这是因为，当纳米纤维素纤维的含量达到或超过 20%时，它们往往会发生团聚现象，并且不能均匀地分布于淀粉基体中。因此，PS/CNFs-20 的蠕变行为并没有受到约束，其蠕变能力反而得到了提高。综上

所述，当 PS/CNFs 膜中纳米纤维素纤维的含量小于或者等于 15%时，PS/CNFs 膜的抗蠕变性能会随着纳米纤维素纤维含量的增加而得到提高。

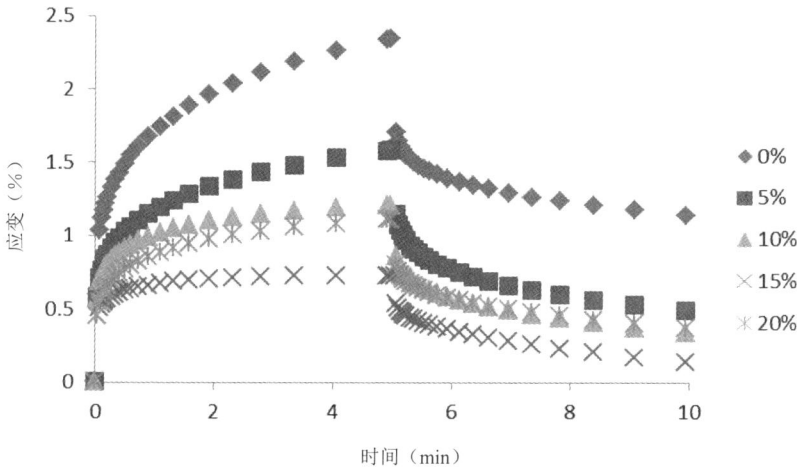

图 4-4　纳米纤维素纤维浓度对淀粉膜蠕变-恢复曲线的影响

从图 4-4 我们可以看出，在恢复阶段，由于淀粉膜具有粘稠性，所有样品的形变都不能 100%恢复。从图 4-4 我们还可以看出，相比于 PS/CNFs 膜，纯淀粉膜的不可恢复形变要大得多，这表明，纯淀粉膜中含有更多的粘性成分。与纯淀粉膜比较，PS/CNFs-5 和 PS/CNFs-15 的不可恢复形变分别减少了 57%和 88%。

图 4-5 给出了样品在蠕变过程中蠕变柔量随着时间的变化曲线。总体来讲，纳米纤维素纤维的添加会造成淀粉膜蠕变柔量的减小。从图 4-5 可以看出，PS/CNFs 膜中纳米纤维素纤维含量低于 15%时，样品的蠕变柔量随着纳米纤维素纤维浓度的增加而显著减小。这是因为，纳米纤维素纤维与淀粉之间分子作用的增强，从而提高了 PS/CNFs 膜的抗蠕变性能。这进一步表明，纳米纤维素纤维能够有效地阻碍和约束淀粉分子链的运动。但是，当纳米纤维素纤维含量达到 20%时，样品的蠕变柔量却得到了一定程度的增大。以上结果表明，PS/CNFs 膜中纳米纤维素纤维浓度有一个上限（15%），当低于这个值时，样品的机械性能能够得到很好的提升。

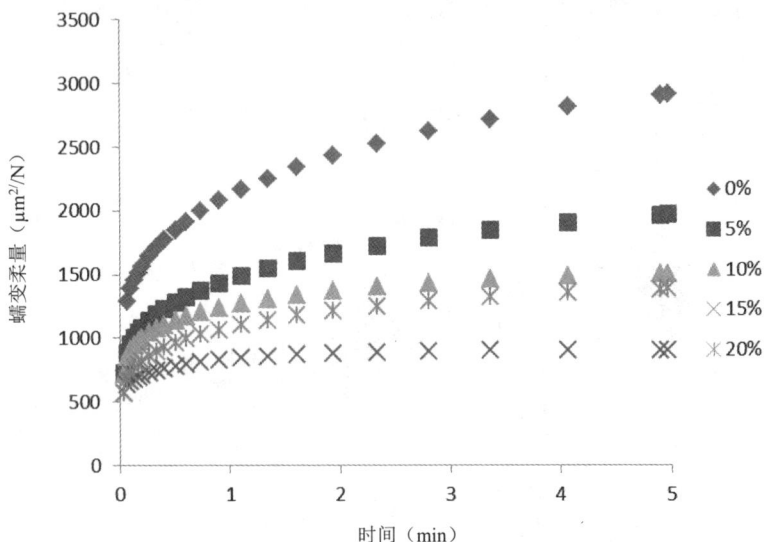

图 4-5   纳米纤维素纤维浓度对淀粉膜蠕变柔量的影响

采用 Brugers'模型进行拟合，通过非线性回归，得出所有样品的四参数（E_M、E_K、η_M 和 τ）值及相关系数 R^2 见表 4-2。由表 4-2 我们可以看出，相关系数 R^2 在 0.98-0.99 之间，表明用 Brugers'模型来描述纯淀粉膜和 PS/CNFs 膜的蠕变过程特别合适。从表中数据还可以看出，PS/CNFs 膜的 E_M 值显著大于纯淀粉膜的 E_M 值（$p < 0.05$），这表明 PS/CNFs 膜具有更好的弹性性能。E_M 代表的是 Maxwell 模型中弹簧的弹性模量，它能引起瞬时蠕变形变，并且这个形变在外力取消的时候能够立即恢复。PS/CNFs-15 具有最高的弹性值（E_M 为 1.768×10^3 MPa），而纯淀粉膜的弹性值却是最低（E_M 为 1.135×10^3 MPa），这再一次证明，纳米纤维素纤维的添加能够提高淀粉膜的弹性性能。

E_K 表征的是样品短期的迟滞弹性形变，即无定性聚合物分子的刚度。当纳米纤维素纤维添加到淀粉膜中，样品的 E_K 值大幅度地增加了。在之前已经分析过，这是因为纳米纤维素纤维能抑制淀粉分子链的移动，从而样品的迟滞形变也相应的变小了。η_M 反映的是样品粘度，即粘性形变。迟滞时间（τ）

为粘性形变（η_K）和迟滞弹性形变（E_K）之比，它代表的是样品的松弛时间，即应力在持续形变下衰减为其初始值的 1/e（约 36.8%）所需的时间（Wang et al，2008；Jia et al，2011）。纳米纤维素的添加，能显著的地提高纯淀粉膜的迟滞时间。然而，在 PS/CNFs 膜之间，它们的迟滞时间并没有明显的变化规律。η_M 表征的是不可恢复形变，它是由于聚合物中晶体结构的破坏和非结晶区结构的重排造成的。η_M 也可能表征的是无定形区域中不可逆的形变，比如，氢键的破坏，纳米纤维素纤维和淀粉之间连接的断开以及相互缠绕分子链的分离（Yang et al，2006）。当纳米纤维素纤维浓度小于 15% 时，η_M 值随着纳米纤维素纤维浓度的增加而增加，且其增长幅度明显大于 η_K 的增长幅度，这意味着 PS/CNFs 膜将具有更弱的粘性流动（由模型中的粘壶部分来表征）和更小的不可逆形变。

表 4-2　不同纳米纤维素纤维浓度 PS/CNFs 膜的蠕变-恢复特性曲线

Burbers' 模型模拟结果[*]

淀粉膜	E_M （×10^3 MPa）	E_K （×10^3 MPa）	τ （s）	η_M （×10^3 MPa·s）	R^2	$\varepsilon^{'}(\infty)$ （×10^{-5} s^{-1}）
PS/CNFs-0	1.135±0.038[a]	1.000±0.108[a]	12.939±1.504[a]	293.662±35.480[a]	0.98	2.750±0.318[a]
PS/CNFs-5	1.277±0.017[b]	1.504±0.102[b]	24.281±0.850[b]	526.403±32.211[b]	0.99	1.523±0.092[b]
PS/CNFs-10	1.382±0.043[c]	2.007±0.070[c]	20.386±0.544[c]	1 171.312±364.905[c]	0.99	0.724±0.197[c]
PS/CNFs-15	1.768±0.044[d]	3.735±0.252[d]	20.897±0.367[c]	4 291.295±813.085[d]	0.98	0.191±0.037[d]
PS/CNFs-20	1.679±0.035[e]	2.087±0.111[e]	23.72±1.307[b]	938.059±72.263[e]	0.99	0.856±0.063[e]

[*]数据用三次平均重复的平均值±标准差表示，同一列中数据的不同上标代表数据间有显著差异（$p<0.05$）

由表 4-2 我们可以得知，PS/CNFs 膜的 $\varepsilon^{'}(\infty)$ 值明显大于纯淀粉膜的 $\varepsilon^{'}(\infty)$ 值，随着纳米纤维素纤维浓度的提高，PS/CNFs 膜的 $\varepsilon^{'}(\infty)$ 值却越来越小，PS/CNFs-15 的 $\varepsilon^{'}(\infty)$ 值达到最小。由于 $\varepsilon^{'}(\infty)$ 值表征的是样品长期蠕变特性，因而本研究中 $\varepsilon^{'}(\infty)$ 值的减小表明，纳米纤维素纤维的加入能够改变淀粉膜的内部结构，从而提高其长期的抗蠕变性能。

4.4　本章小结

本章研究了 PS/CNFs 膜的流变学特性。本章研究的具体结论如下：

（1）在频率扫描测试中，纳米纤维素纤维的浓度显著影响 PS/CNFs 膜的储能模量和损耗模量，储能模量和损耗模量均随纳米纤维素纤维浓度的增加而增大。当纳米纤维素纤维的浓度达到或超过 20%时，储能模量反而随纳米纤维素纤维浓度的增加而减小。纳米纤维素纤维的添加既能提高淀粉膜的弹性，也能提高其粘性。在整个频率测试范围内，PS/CNFs 膜的储能模量都远远大于其损耗模量，表明 PS/CNFs 膜主要表现出弹性性能。

（2）在蠕变-恢复测试中，纳米纤维素纤维的浓度显著影响 PS/CNFs 膜的蠕变形变和不可恢复形变，蠕变形变、蠕变柔量和不可恢复形变均随纳米纤维素纤维浓度的增加而减小。当纳米纤维素纤维的浓度达到或超过 20%时，蠕变形变、蠕变柔量和不可恢复形变反而随纳米纤维素纤维浓度的增加而增加。纳米纤维素纤维的添加能提高 PS/CNFs 膜的抗蠕变性能，且其抗蠕变性能随纳米纤维素纤维浓度的增加而增大，直至纳米纤维素纤维的含量达到15%。

（3）Power law 模型能够很好地描述储能模量和角频率之间的关系（R^2 ＞0.981），同时 Burgers' 模型也能够很好地对 PS/CNFs 膜的蠕变行为进行拟合（R^2＞0.981）。

第5章　微波辅助提取纤维素纤维及其性能的研究

5.1　引　言

纤维素是自然界中分布最广、蕴藏量最丰富的天然有机物之一，主要存在于高等植物的细胞壁中（Bledzki et al，2010；Krishnaprasad et al，2009）。纤维素具备无毒、耐酸碱、可生物降解、可再生和容易被改性等优点，所以它在材料领域中有很好的应用前景（Pandey et al，2000；Azubuike et al，2012）。目前，纤维素及其衍生物已经成功应用在纺织、造纸、包装材料和建筑材料等领域（Toledano-Thompson et al，2005）。

纤维素纤维是一种以植物为原料，经一系列的化学物理处理而制得的，具有很高的拉伸强度和杨氏模量，还具有很强的握裹力，因此纤维素可以作为增强剂添加到复合材料中。Khan等人将槟榔树叶纤维素纤维添加到聚丙烯材料中，使复合材料的杨氏模量和拉伸强度都显著提高了（Khan et al，2012）。Dias等人利用大米淀粉和纤维素纤维制得了可生物降解膜，实验表明纤维素纤维既能够提高膜的拉伸强度，同时又能降低膜的透湿性，而且还不会对复合膜的形变特征带来负面影响（Dias et al，2011）。Zhu等人的研究表明，微晶纤维素纤维还能提高聚氨酯泡沫材料的压缩强度和热分解温度（Zhu et al，2012）。

近年来，越来越多的学者开始将目光聚集到从生物质资源中提取纤维素纤维上。Liu 等人以桑树皮为原料，利用酸水解法制备了纤维素纤维，纤维素含量从 37.38%增加到了 92.60%（Liu et al，2011）。也有人用硫酸水解香蕉皮，从而得到纤维素微纤维。研究结果表明，纤维素微纤维的长度、结晶度等性能主要取决于硫酸的浓度、反应时间以及反应温度等酸水解条件和干燥方法（Elanthikkal et al，2010）。Shin 等人用电子束辐照技术从亚麻中提取纤维素纤维，他们认为电子束辐照能够提高纤维素的含量和结晶度（Shin et al，2012）。

微波加热技术不同于传统的加热方式，它是通过被加热物体内部偶极分子高频往复运动，产生"内摩擦热"而使物料温度升高，不须任何热传导过程，就能使物料内外部同时加热、同时升温，因此它与传统加热方式相比，升温更快，耗能更少，加热更均匀，还能极大地加快化学反应速度（Cheng et al，2011；de la Hoz et al，2005；Orozco et al，2011；Hu et al，2008）。Ratanakamnuan 等人的研究结果表明，在没有改变酯化纤维素化学结构的情况下，相比于传统加热，微波加热明显提高了棉纤维的酯化速度（Ratanakamnuan et al，2012）。Ha 等人分别用传统加热和微波加热的方式将棉纤维溶解在离子液体中，将得到的再生纤维素再进行酶水解（Ha et al，2011）。研究结果表明，经过微波加热的棉纤维酶水解速率和效率都大大地提高了。Zhu 等人也认为，稻草和麦秆在酶水解过程中受到微波辐射后，酶水解速率明显提高了（Zhu et al，2006a；Zhu，et al，2005a；Zhu et al，2006b；Zhu et al，2005b）。

然而，微波加热技术并没有被应用在从生物质资源中提取纤维素纤维。玉米芯是一种廉价、分布广泛的农作物废弃物，它是一种很有潜力的可再生资源。玉米芯主要由纤维素、半纤维和木质素三种物质组成，同时还含有淀粉、果胶、脂肪和蛋白质等成分（Kaliyan et al，2010）。因此，本章主要利用微波加热对玉米芯进行化学处理（碱处理和漂白处理），从而提取出纤维素纤维，并对其化学成分进行分析.然后通过场发射扫描电子显微镜(FE-SEM)、傅里叶转换红外光谱（FTIR）、X 射线衍射仪（XRD）和热重分析仪（TGA）对纤维素纤维的微观结构、分子基团、结晶度和热稳定性等理化性能进行分析和表征，为以后制备纳米纤维素纤维及其在材料领域的应用奠定基础。

5.2　材料与方法

5.2.1　试验材料

玉米芯来自河北农田，用粉碎机将其碎成粉末并过 80 目筛。将过筛的玉米芯粉末在 105 ℃下干燥 24 h，使其达到恒重。然后用自封袋收集，密封保存备用。盐酸（分析纯）、苯（分析纯），无水乙醇（分析纯），氢氧化钠（NaOH）（分析纯），冰醋酸（分析纯）购于北京化工厂。25%氨水（分析纯）购自天津天大大化工有限公司。亚氯酸钠（$NaClO_2$）（化学纯）购于天津光复精细化工研究所。试验中所用其他药品，未加说明均为分析纯。

5.2.2　主要仪器

电热恒温鼓风干燥箱（101-3 型）	上海路达试验仪器有限公司（中国）
高速多功能粉碎机（Q-250A3 型）	上海冰都电器有限公司（中国）
索氏提取仪（B-811 型）	BUCHI（瑞士）
循环水真空泵（SHB-B95）	郑州长城科工贸有限公司（中国）
磁力搅拌器（85-2）	江苏金坛精达仪器厂（中国）
电子天平（0.000 1g）（AL204-s）	Mettler-Toledo International Inc.（瑞士）
电子天平（0.000 01 g）（AB135-s）	Mettler-Toledo International Inc.（瑞士）
场发射扫描电镜（Apollo 300）	CamScan（英国）
傅里叶红外光谱仪（Spectrum 100TM）	PerkinElmer（美国）
X-ray 衍射仪（XD-2）	北京谱析通用有限公司（中国）
热重分析仪（Q5000 series）	TA Instruments.（美国）
冷冻干燥机（LGJ-18）	北京四环科学仪器厂（中国）

5.2.3 纤维素纤维的制备

5.2.3.1 微波辅助碱处理

称取烘干后的玉米芯粉末 10 g（精确至 0.000 1 g）置于索氏提取仪中，用苯-无水乙醇（2∶1，v/v）混合溶液抽提 6 h（1 g 样品粉末/10 mL 抽提液），用以除去油脂和蜡质物质。脱脂后的玉米芯粉末经干燥后放入烧杯中，加入 150 mL 8%（w/v）NaOH 溶液，然后进行微波加热，微波加热条件为：功率设为 500 W，加热时间为 3 min。用去离子水洗涤处理后的玉米芯浆液并抽滤，重复多次，直至滤液不呈碱性。

5.2.3.2 微波辅助漂白

样品经过微波辅助碱处理后，用微波辅助漂白工序以除去残留的木质素。称取 5 g（精确至 0.000 1 g）碱处理后的样品置于容器中，加入 5 wt.%双氧水，然后将其进行微波辅助加热，微波加热条件为：功率设为 500 W，加热时间 3 min。最后用去离子水洗涤浆液并抽滤，重复多次，直至滤液呈中性。

5.2.4 化学成分测定

本实验采用 Van Soest 法测定样品中的化学成分（Van Soest，1963；Van Soest et al，1967）。准确称取适量的样品于滤袋中，然后将滤袋放入纤维素分析仪（ANKOM A200i，ANKOM Technology，USA）中进行测定，最终得到样品中纤维素、半纤维素和木质素的含量。

5.2.5 表观结构

本实验采用场发射扫描式电子显微镜（Apolle 300，CamScan，England）

对样品进行表观形貌的观察。具体操作步骤如下：

（1）将样品干燥至恒重。

（2）用导电胶将少量干燥后的样品粉末其固定在载物台上。

（3）将样品表面喷一层薄薄的铂金，喷金电流为 10 mA。

（4）将样品置于扫描电镜中进行观察，加速电压设为 15 kV。

5.2.6 FTIR 测定

本实验使用傅里叶转换红外光谱仪（Spectrum 100TM，PerkinElmer，USA）对样品的官能团变化进行测定。具体操作步骤如下：

（1）准确称取 2 mg 样品与 200 mg 溴化钾，混合后用玛瑙研钵将其磨成极细粉末，并用液压装置进行压片。

（2）将压片放入红外光谱仪的样品室中，在室温下波数从 4 000 cm^{-1} 扫描到 400 cm^{-1}，分辨率为 4 cm^{-1}，每个样品在室温下扫描 32 次。

5.2.7　结晶度

使用 X-射线衍射仪（XD-2，北京普析通用仪器有限责任公司，北京）对样品进行结晶度的测定。具体操作步骤如下：

（1）取少量样品，用玛瑙研钵对其进行碾磨处理，并将其充分干燥。

（2）将粉末样品放入样品板的凹槽内，充分压实，然后仔细刮去高出样品板表面的多余部分，使表面非常平整。

（3）将样品板放入 X-射线衍射仪中，测试采用 X-射线粉状衍射分析模式进行叠扫，设定工作电压和电流分别为 36 kV 和 20 mA，扫描角度范围为 5°～40°（2θ），扫描速率为 1 °/min，扫描角度间隔为 0.02°。

（4）采用 Segal 等人的方法对样品的结晶度指数（CI）进行测定（Segal et al，1959）：

$$CI(\%) = 100 \times \frac{I_{002} - I_{am}}{I_{002}} \qquad (5\text{-}1)$$

其中，I_{002} 代表 22°（2θ）处衍射峰的强度，I_{am} 代表 18°（2θ）出衍射峰的强度。

5.2.8　热重分析

使用热重分析仪（Q5000，TA Instruments，USA）对样品的热稳定性进行测定。具体操作步骤如下：

（1）将样品磨成粉末，称取 3～5 mg 待测样品置于铂金坩埚中。

（2）在氮气环境下测定样品的热稳定性：温度从室温升到 700 ℃，升温速率为 10 ℃/min，氮气流速为 35 mL/min。

5.2.9　数据分析

本章中所有试验均重复三次，表中所列数据由平均值和标准偏差来表示。使用方差分析（analysis of variance，ANOVA）对同组数据进行分析，同时采用邓肯多重比较检验法来对数据的显著性差异进行分析，置信度水平设为 0.95。所用数据分析软件为 SPSS17.0 版（SPSS Inc，Chicago，USA）。

5.3　结果与讨论

5.3.1　玉米芯纤维素纤维的化学成分分析

未经处理和微波辅助化学处理后的样品化学成分分析见表 5-1。从表 5-1 我们可以得知，微波辅助化学处理对样品的化学成分有显著的影响。未经处理的玉米芯，主要成分包含 40.16%纤维素、42.25%半纤维素和 10.78%木质素；而微波辅助化学处理后的样品半纤维素和木质素含量分别降到了 10.68%和 2.21%，同时纤维素的含量增加到了 86.18%。未处理样品中还含有大约 7%的其他化学成分，例如脂肪、蛋白质、淀粉、果胶和无机盐等。样品中纤维素、半纤维素和木质素等成分含量的显著变化，表明在微波辅助化学处理过程中，半纤维、木质素和果胶等无定形区的物质能够被有效地溶解出来，从而导致纤维素晶体含量的大幅度提升。Alemdar 等人的实验表明，半纤维素和木质素含量的减少会提高样品的结晶度和热稳定性能（Alemdar et al，2008b），我们将在 5.3.3 和 5.3.4 进行分析。

表 5-1 化学成分分析表[*]

样品	纤维素（%）	半纤维素（%）	木质素（%）
未处理玉米芯	40.16±1.97[a]	42.25±1.74[a]	10.78±1.66[a]
玉米芯纤维素纤维	86.18±3.81[b]	10.68±1.64[b]	2.21±0.50[b]

[*]数据用三次平均重复的平均值±标准差表示，同一列中数据的不同上标代表数据间有显著差异（p <0.05）

Hu 等人认为，木质纤维素在微波加热过程中，极性区域会迅速升温并形成"热点区"，而非极性区域并没有吸收微波辐射，这会在木质纤维素颗粒之间会产生"爆炸"现象。极性区域的高速振动和内部产生的"爆炸"现象促进了木质纤维素结构的破裂（Hu et al，2008）。在 Zhu 等人的研究中，当稻草秸秆同时遭受微波辐射和碱处理，化学反应速率明显提高，微波辐射加快了半纤维的水解和木质素的去除（Zhu et al，2005a）。

5.3.2 玉米芯纤维素纤维的表观结构表征

图 5-1 给出了样品的微观结构图。从图 5-1 我们可以看出，玉米芯表面含有很多杂质，它们一般是淀粉、粗蛋白和粗脂肪等物质。图 5-1（b）为微波辅助化学处理后样品的微观结构图，从图中可以看出，样品全部呈现出纤

维状，这表明成功地制备出了玉米芯纤维素纤维，同时也表明微波辅助化学处理给样品的形态特征带来了明显的变化。从图 5-1（b）我们可以得知，玉米芯纤维素纤维的直径范围为 10～20μm。Hornsby 等人的研究表明，未经处理的纤维束直径范围为 25～125 μm（Hornsby et al，1997），这是因为未经处理的样品，其纤维素纤维被果胶、半纤维素、木质素等"天然粘合剂"包裹着，使纤维素纤维之间以纤维素酯等桥键的方式结合在一起，从而呈现出更大尺寸的纤维束。由此可以得出，微波辅助化学处理能将玉米芯中绝大部分的果胶、半纤维素、木质素、蜡等无定形区的物质有效地溶解出来，同时能够破坏细胞的初生壁，最终将微尺度纤维素纤维从大的纤维素纤维束中分离出来。Somerville 等人认为，植物中纤维素微纤维的平均直径大约为 3 nm（Somerville et al，2004），因此图中所得到的玉米芯纤维素纤维是玉米芯中纤维素微纤维团聚而成的纤维束。

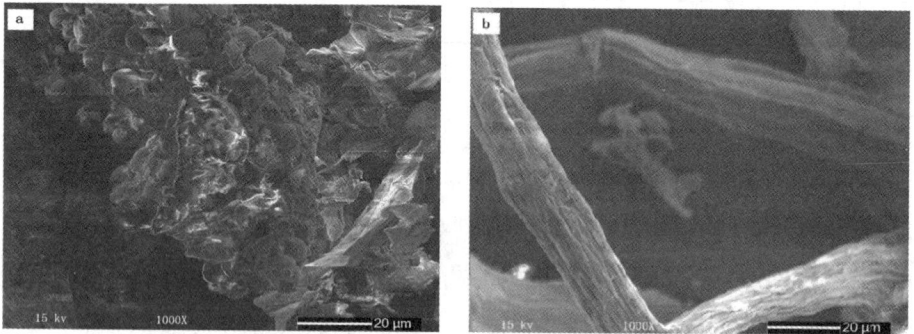

图 5-1　未处理玉米芯和处理后的玉米芯的 FE-SEM 图

5.3.3　玉米芯纤维素纤维的 FTIR 分析

图 5-2 给出了样品的 FTIR 光谱图。从图 5-2 我们可以看出，所有样品在 3 367 cm^{-1} 处都有一个非常明显的吸收峰，此峰代表着 O-H 的伸缩振动，这表明样品具有较好的亲水性（Sun et al，2000）。在 2 925 cm^{-1} 处，出现了一个明显的特征吸收峰，这是由纤维素和半纤维素中饱和 C-H（CH3）的伸缩

振动引起的（Sun er al，2005）。C-H 在 1 371 cm^{-1} 和 1 459 cm^{-1} 处会出现两个明显的特征峰，它们分别代表着 CH3 的反对称弯曲振动和对称弯曲振动（Sain et al，2006；Xiao et al，2001）。两个样品在 1 638 cm^{-1} 处都出现了一个小的振动峰，这是样品中吸附了少量水分而产生的 O-H 弯曲振动。但是纤维素纤维的振动峰明显强于未经处理玉米芯的振动峰，这表明纤维素纤维具有更好的亲水性。

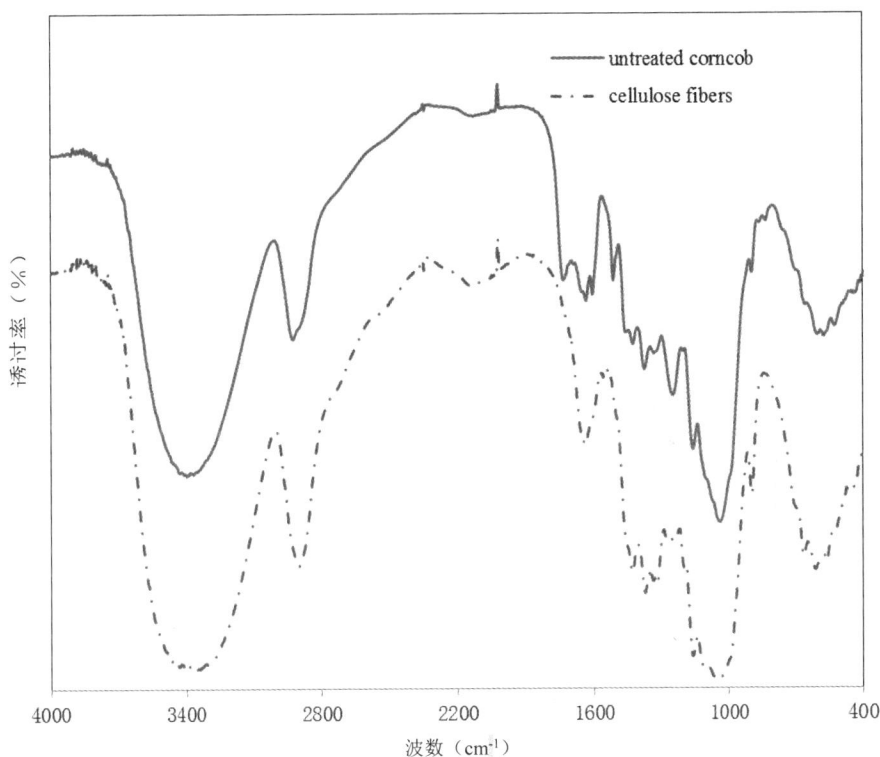

图 5-2　未处理和处理后的玉米芯的 FTIR 图

在未处理的玉米芯样品 FTIR 光谱图中，1 733 cm^{-1} 处出现了一个明显的振动吸收峰，此峰是由羧基的伸缩振动引起的（Sun et al，2005）。它有可能是半纤维素中的羧基（以乙酰基、糖醛酯基等形式存在），也有可能是香豆酸和阿魏酸（半纤维素和木质素的主要组成部分）中的羧基。然而，在玉米芯纤维素纤维的光谱图中，这个特征峰（1 733 cm^{-1}）消失了。这表明，微波辅助化学处理去除了玉米芯中的半纤维素和木质素成分。但是在 5.3.1 的结论中，玉米芯纤维素纤维还含有少量的半纤维素和木质素，因此，我们可以得出结论，FTIR 光谱中羧基的消失很有可能是由于半纤维素和木质素中的酯键和羧基的断裂造成的。

芳香族化合物环内 C=C 伸缩振动会引起环的骨架振动，在未处理玉米芯的光谱图中，1 605 cm^{-1} 和 1 515 cm^{-1} 两处的吸收特征峰正是由木质素中 C=C 双键伸缩振动引起的（Xiao et al，2001）。在纤维素纤维的光谱图中，这两处的特征峰基本上消失了，这是由于样品中木质素的有效移除，但是并不能彻底去除。1 248 cm^{-1} 处的振动峰代表着酯键中 C-O 的单键伸缩振动（Sun et al，2005），纤维素纤维在此处的特征峰明显减弱了，这意味着在微波辅助化学处理过程中，大部分的半纤维素被溶解了，只有一小部分的半纤维素仍然存在于样品中。1 060 cm^{-1} 和 898 cm^{-1} 这两处分别为醇 C-O 的伸缩振动区和糖苷 C-H 的伸缩振动区，它们是纤维素结构的显著特征（Sun et al，2000）。经过微波辅助化学处理的样品，这两处的特征峰强度明显增强了，这表明样品中纤维素的含量明显增加了。以上现象表明，微波辅助化学处理能够有效地去除玉米芯中的半纤维素和木质素，从而使纤维素的含量显著增加了。

5.3.4　玉米芯纤维素纤维的结晶度分析

图 5-3 给出了样品的 X 射线衍射图谱。从图 5-3 我们可以看出，样品在 $2\theta=16°$、$21.7°$ 两处都有一个比较明显的衍射峰，分别代表纤维素 I 型晶体的（101）晶面和（200）晶面。这表明，样品经过微波辅助化学处理后，其晶型的完整性得到了保留，晶体结构也基本上没受影响。在 $2\theta=21.7°$ 处，玉米芯纤维素纤维的衍射峰明显比未处理样品的衍射峰更加尖锐和细窄，这表明微波辅助化学处理明显提高了样品的结晶度，这是因为样品中非纤维素物质（果胶、半纤维素和木质素）的有效去除。这也同时证明了，在微波辅助

化学处理过程中，无定形区优先被溶解，而结晶区由于更好的稳定性而保持了其完整性。

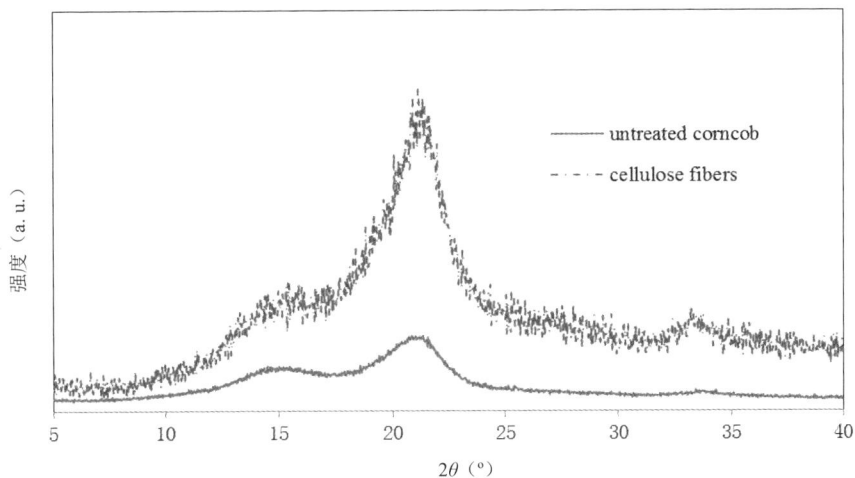

图 5-3　未处理和处理后的玉米芯的 XRD 图

结晶度指数（CI）与纤维素纤维的强度和硬度是密切相关的（Wang et al，2007），纤维素纤维的强度和硬度会随着结晶指数的增加而增大。根据 Segal 等人的方法可以定量地计算出结晶度指数（Segal et al，1959）。表 5-2 给出了样品的结晶度指数，未处理的玉米芯和纤维素纤维的 CI 值分别为 32.7%和 73%。以上结果表明，微波辅助化学处理明显提高了样品的 CI 值（$p < 0.05$）。玉米芯纤维素纤维 CI 值的增大，是因为在微波辅助化学处理过程中，细胞壁中纤维素结晶相和其他非纤维素物质之间的应力得到释放，导致半纤维素和木质素能够从无定型区中溶解出来，从而使晶体纤维素的含量增加了（Cherian et al，2008）。玉米芯纤维素纤维的结晶度增大了，其纤维素分子间的排列也更加紧实和有序了，因此纤维素纤维的拉伸强度也会相应地增大。Sakurada 等专家提出，纤维素会使复合材料的杨氏模量得到显著提高（Sakurada et al，1962）。因此，玉米芯纤维素纤维作为增强剂将会在环境友好型材料领域中拥有非常好的应用前景。

表 5-2　未处理和处理后的玉米芯的结晶度和热分解特性*

样品	CI（%）	开始分解温度（℃）	残渣含量（%）
未处理玉米芯	32.7±4.87[a]	235±5[a]	1.87±0.46[a]
玉米芯纤维素纤维	73±3.12[b]	262±4[b]	0.14±0.08[b]

*数据用三次平均重复的平均值±标准差表示，同一列中数据的不同上标代表数据间有显著差异（p <0.05）

5.3.5　玉米芯纤维素纤维的热稳定性分析

图 5-4 给出了样品的热失重分析（TGA）曲线。从图 5-4 我们可以看出，当温度从 50 ℃加热到 150 ℃的过程中，未处理的玉米芯样品和最终得到的纤维素纤维都会出现一个微弱的初始失重，这对应的是样品中水分子的蒸发和少量低分子化合物的分解。样品在好几个温度段会出现明显的失重降解现象，这说明在样品中有多种物质成分存在，它们会在不同的温度下进行热分解。从图 5-4 我们可以得知，相比于未处理的玉米芯样品，纤维素纤维的热分解温度明显提高了。

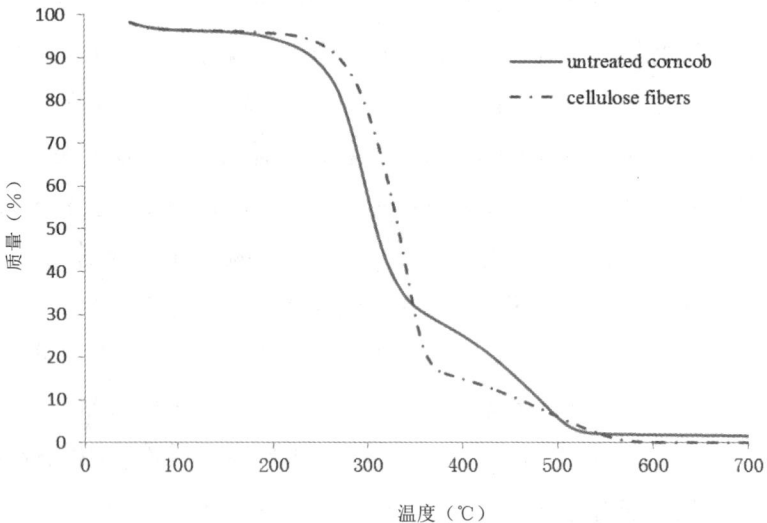

图 5-4　未处理和处理后的玉米芯纤维的 TGA 曲线

样品的起始分解温度见表 5-2。从表 5-2 我们可以看出，未处理的玉米芯在 235 ℃开始进行热分解，而最终得到的纤维素纤维在 262 ℃才开始出现失重。这表明，微波辅助化学处理的样品具有更好的热稳定性。微分热失重分析（DTG）曲线描述的是样品在指定的升温曲线下，对其重量减少速率的一个分析。

图 5-5 给出了样品的 DTG 曲线图。从图 5-5 我们可以看出，未处理的玉米芯在 296 ℃出现第一个大的特征峰，这对应的是半纤维素、果胶和一些木质素的热降解；而纤维素纤维出现的第一个特征峰是在 341 ℃，这对应的是纤维素的热降解。这表明，纤维素纤维具有更高的热降解温度。这是因为在微波辅助化学处理过程中，热降解温度较低的物质（例如果胶、半纤维素和木质素）都被溶解出来了；同时，纤维素纤维结晶度的明显提高也是导致其热降解温度提升的一个重要原因。还有一个原因就是，样品经过不断的洗涤和抽滤，草酸钙被除去了，最终导致样品热稳定性的提高（Alemdar et al,2008b）。纤维素纤维较高的热降解温度，将会扩大其在生物复合材料领域中的应用范围。从图 5-5 还可以看出，纤维素纤维在 494 ℃出现一个非常小的特征峰，它有可能是残炭量的热降解，也可能是少量木质素的热降解。

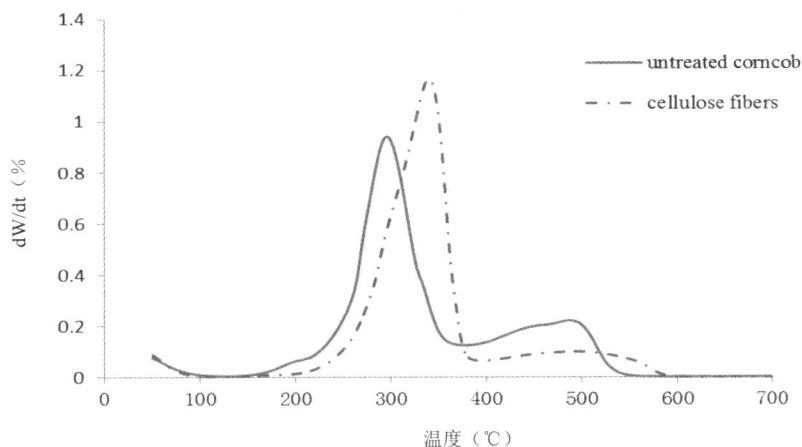

图 5-5　未处理和处理后的玉米芯纤维的 DTG 曲线

样品的残渣含量见表 5-2 所示。从表 5-2 我们可以看出，样品加热到
600 ℃后的残渣含量有着很大的差异：未处理玉米芯的残渣含量为 1.87%，
而微波辅助化学处理后得到的纤维素纤维的残渣含量降到了 0.14%。纤维素
纤维残渣含量的降低是因为样品中大量的果胶、半纤维素和木质素被除去了；
还有一个原因是，样品中的草酸钙和二氧化硅被彻底消除了。

5.4 本章小结

本章以玉米芯为原料，利用微波辅助化学处理的方法制备了纤维素纤维，
并对其进行了化学成分分析。采用场发射扫描电子显微镜（FE-SEM）、傅里
叶转换红外光谱（FRIR）、X 射线衍射仪（XRD）、热重分析仪（TGA）对纤
维素纤维的表观形态、结晶度、热稳定性等理化性能进行表征。本章研究的
具体结论如下：

（1）微波辅助化学处理后得到的纤维素纤维，半纤维素的含量从 42.25%
降到了 10.68%，木质素的含量从 10.78%降到了 2.21%，而纤维素的含量却从
40.16%提升到了 86.18%，这表明微波辅助化学处理能够有效地去除原料中的
半纤维素和木质素。

（2）微波辅助化学处理给样品的形态特征带来了非常明显的变化：未经
处理的玉米芯表面非常粗糙，并含有大量杂质；而微波辅助化学处理后的样
品则全部呈现出纤维状，直径范围为 10~20 μm。

（3）纤维素纤维的结晶指数从 32.7%增加到了 73%，但是微波辅助化学
处理并没有破坏样品的晶体结构，其晶型的完整性得到了保留。

（4）玉米芯原料具有较差的热稳定性，其开始分解温度为 235 ℃，并且
在 296 ℃处热分解速率达到最大；而微波辅助化学处理明显提高了样品的热
稳定性，纤维素纤维的开始分解温度升到了 262 ℃，最快热分解速率在
341 ℃处。

第6章 正交试验法优化提取甜菜渣 纤维素工艺

6.1 引 言

甜菜是中国北部地区制糖业的主要原料，制糖工业的主要副产物就是甜菜渣，中国每年都会产出将近 1 000 万吨甜菜渣[①]。甜菜渣是一种非常重要的生物质资源，其含有纤维素、半纤维素和少量其他成分。除极少部分用于饲料以外，剩余的大部分甜菜渣被焚烧或者直接丢弃，不仅浪费资源，还会对环境造成很大的污染。因此，如何充分利用这些甜菜渣资源，成为人们研究的热点。目前，研究者对甜菜渣的开发利用主要集中在半纤维素、果胶等有效成分的提取，对甜菜渣中含量最多的纤维素的提取和利用却比较少见[②③]。

纤维素是由葡萄糖分子聚合而成的天然高分子化合物，不溶于水，难溶于一般有机溶剂。纤维素具有耐酸碱、可生物降解、无毒、高强度、高结晶度等优点，它被广泛应用在食品、化工、医学、纺织、造纸等领域，还被用

---

① Li M，Wang L，Li D，et al. Preparation and characterization of cellulose nanofibers from de-pectinated sugar beet pulp ［J］. Carbohydrate Polymers，2014（102）：136-143.

② 王涛. 产木糖醇酵母菌株的筛选及其对甜菜渣半纤维素水解液发酵的研究 ［J］. 福建农业，2015（4）：108-109.

③ 王艳丹，龚志伟，王际辉，等. 油脂酵母利用果胶衍生物生产微生物油脂 ［A］. 中国食品科学技术学会第十一届年会论文摘要集 ［C］. 杭州：中国食品科学技术学会第十一届年会，2014：2.

作增强剂应用在材料领域[1][2][3]。天然纤维素主要和半纤维素等物质紧密粘结在一起，存在于植物的细胞壁中。因此，有必要从甜菜浆中除去这些物质以获得更高含量的纤维素。目前，物理法提取纤维素的方法主要有：如粉碎、蒸汽爆破等；化学法主要有：碱处理、亚硫酸盐处理和酸水解法等[4][5][6][7][8]。本实验以甜菜渣为原料，首先利用单因素实验来探明不同碱处理条件（固液比、氢氧化钠溶液浓度、提取时间、加热温度）对纤维素提取率的影响，再采用正交试验研究甜菜渣纤维素的提取工艺，从而获得最佳工艺条件，为甜菜渣纤维素的提取和应用提供理论依据和实践参考价值。

6.2　材料与方法

6.2.1　试验材料

苯、无水乙醇、氢氧化钠、硫酸、蒽酮、乙酸乙酯、微晶纤维素等均为分析纯。

---

① 冯礼明，黄业宇，郑定仙，等. 微生物纤维素食品"椰果"毒理学安全性评价 [J]. 中国热带医学，2015（6）：651-654.

② 刘荣清. 纺织纤维发展和新型纤维应用 [J]. 纺织器材，2018（2）：51-57.

③ Seabra A B, Bernardes J S, Fávaro W J, et al. Cellulose nanocrystals as carriers in medicine and their toxicities: A review [J]. Carbohydrate Polymers, 2018（181）：514-527.

④ 韩士群，杨莹，周庆，等. 蒸汽爆破对芦苇纤维及其木塑复合材料性能的影响 [J]. 南京林业大学学报（自然科学版），2017（1）：136-142.

⑤ 何士成，孙曼钰，孙忠岩，等. 蒸汽爆破与碱法协同预处理对小麦秸秆结构及酶解的影响 [J]. 林产化学与工业，2017（5）：126-132.

⑥ 徐威宇，彭洋洋，付时雨，等. 亚硫酸盐预处理棕榈鞘分级制备纳米纤维 [J]. 造纸科学与技术，2016（6）：6-11.

⑦ 吴德智，滕天天，杨波，等. 响应曲面法优化过氧甲酸提取竹子纤维素的工艺研究 [J]. 中国造纸，2017（7）：9-13.

⑧ 吴德智，张永吉，罗明明，等. 响应曲面试验优化在过氧甲酸中提取甘蔗渣纤维素的工艺研究[J] 中国食品添加剂，2017（5）：163-168.

6.2.2 主要仪器

PTHW 型-电热套（河南爱博特科技发展有限公司）、DJ120C 型-半斤装中药材粉碎机（浙江省瑞安市春海药材器械厂）、电子天平（上海精密科学仪器有限公司）、电热恒温鼓风干燥箱（上海精宏实验设备有限公司）、SHD-（Ⅲ）循环式真空泵（河南省予华仪器有限公司）、TU-1910 双光束紫外可见分光光度计（北京普析通用仪器有限责任公司）。

6.2.3 试验步骤

用粉碎机将甜菜渣粉碎后，过筛（80 目），70 ℃下干燥，密封，并在阴凉处储存备用。称取适量干燥后的甜菜渣粉末，加入苯/无水乙醇混合溶液（体积比为 2∶1），固液比为 1∶10，浸提 6 h，干燥后，密封保存，备用。

6.2.3.1 碱处理

称取一定量的甜菜渣，加入一定质量分数的氢氧化钠溶液，在一定温度下搅拌，然后抽滤，洗涤，直至滤液呈中性，将滤渣干燥，得到纤维素。

6.2.3.2 纤维素含量的测定

使用 TU-1910 双光束 UV-Vis 分光光度计测定经碱处理的甜菜渣中纤维素的含量。首先，用乙酸乙酯制备 2%的蒽酮溶液，然后用微晶纤维素配制不同浓度的纤维素标准溶液，在波长 623 nm 处测量溶液吸光度值以制作标准曲线。根据标准曲线，确定样品中纤维素的含量。

6.2.3.3 单因素试验

称取 5 g 脱脂后的甜菜渣，按照 1∶10、1∶15、1∶20、1∶25、1∶30 的固液比分别加入 50 mL、75 mL、100 mL、125 mL、150 mL 新配制的 4%

（g/mL）NaOH 溶液，将混合物在 80 ℃下搅拌反应 2 h，抽滤，洗涤，干燥并测定纤维素含量。

在最佳固液比的条件下，分别加入质量浓度为 1%、2%、4%、6%、8%NaOH 溶液，搅拌反应，确定 NaOH 溶液的最佳浓度。

在最佳固液比、最佳浓度条件下，以搅拌时间（0.5 h、1 h、1.5 h、2 h、2.5 h）为变量，确定最佳反应时间。

在最佳固液比、最佳浓度、最佳反应时间条件下，使用不同的加热温度（50 ℃、60 ℃、70 ℃、80 ℃、90 ℃）作为变量，确定最佳温度。

6.2.3.4　正交试验设计

根据单因素试验结果，利用正交试验法，选择四个因素作为自变量：固液比、氢氧化钠浓度、加热时间和加热温度，设计四因素五水平的正交试验表，因子与水平设计见表 6-1。

表 6-1　正交实验因素和水平

| 水平 | 因素 | | | |
	固液比	NaOH 浓度（g/mL）	提取时间（h）	提取温度（℃）
1	1∶10	1%	0.5	50
2	1∶15	2%	1.0	60
3	1∶20	4%	1.5	70
4	1∶25	6%	2.0	80
5	1∶30	8%	2.5	90

6.3　结果与讨论

6.3.1　固液比对甜菜渣纤维素提取率的影响

由图 6-1 我们可以看出，当固液比为 1∶15 时，纤维素的提取率为 50.6%，达到最大值。随着固液比的减小，甜菜渣纤维素的提取率不断降低，当固液比为 1∶30 时，纤维素提取率达到最小值 10.3%。这是因为随着氢氧化钠溶液的增加，不仅大量的半纤维素产生水解，而且一部分纤维素也会发生分解。因此，以固液比为 1∶15 作为纤维素提取的最佳条件。

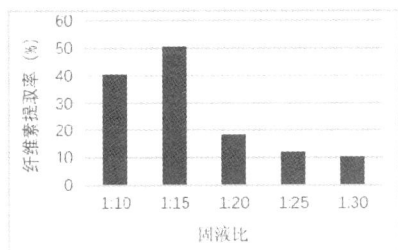

图 6-1　固液比对甜菜渣纤维素提取率的影响

6.3.2 NaOH 浓度对甜菜渣纤维素提取率的影响

由图 6-2 我们可以看出，当 NaOH 浓度分别为 1%、2%、4%、6% 和 8% 时，纤维素的提取率分别为 21%、28%、50%、36.4% 和 15.8%，纤维素提取率随着 NaOH 浓度的增加而增加，当质量浓度为 4% 时，达到最大值。如果浓度继续增加，则纤维素提取率将显著降低。这是因为 NaOH 浓度越高，甜菜渣中的半纤维素和木质素水解越完全，导致纤维素含量的增加。当 NaOH 质量分数超过 4% 时，少量纤维素也会发生降解，另一个原因是纤维素与高浓度碱液反应形成碱纤维素。因此，纤维素提取的最佳 NaOH 浓度为 4%。

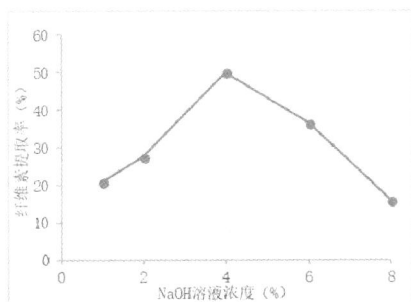

图 6-2 NaOH 浓度对纤维素提取率的影响

6.3.3 提取时间对甜菜渣纤维素提取率的影响

由图 6-3 我们可以看出，随着提取时间的延长，甜菜渣纤维素的提取率先增大后减小。当提取时间为 2 h 时，纤维素含量达到最大值（51.2%）。在纤维素提取的初始阶段，随着提取时间的增加，甜菜渣中的半纤维素和木质素水解得更充分。然而，当提取时间超过 2 h 时，纤维素结构会遭到一定程度的破坏，导致一些纤维素降解。综上所述，以 2 h 作为纤维素提取的最佳提取时长。

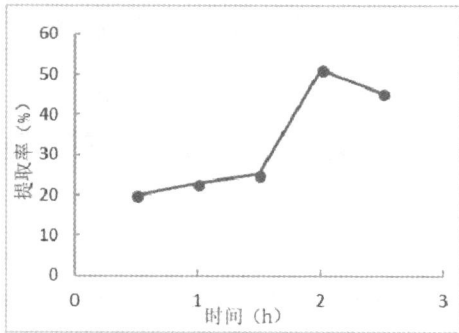

图 6-3 提取时间对甜菜渣纤维素提取率的影响

6.3.4 提取温度对甜菜渣纤维素提取率的影响

由图 6-4 我们可以看出，当固液比为 1∶15、NaOH 浓度 4%、提取时间 2 h，不同温度对甜菜渣纤维素的提取率有显著影响。随着温度的升高，甜菜渣纤维素提取率不断增加，在 90 ℃时达到最大值 61%。这是由于随着温度的升高，分子间的碰撞加剧，反应活性极大增强，促使分子间的糖苷键断裂，导致非纤维物质（例如半纤维素和木质素等）被水解，从而使样品中的纤维素含量增加。因此，确定甜菜渣纤维素提取的最佳温度为 90 ℃。

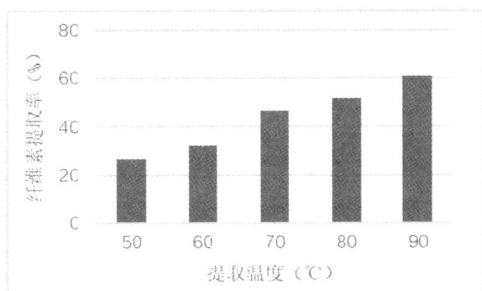

图 6-4　提取温度对纤维素提取率的影响

6.3.5　正交试验

正交试验设计及结果见表 6-2。从表 6-2 我们可以得出结论，各因素对甜菜渣中纤维素含量的影响依次为：固液比＞提取温度＞提取时间＞NaOH 浓度。最佳提取工艺为：固液比为 1∶15，氢氧化钠溶液浓度为 4%，提取时间为 2 h，提取温度为 90 ℃，此条件下样品中纤维素的含量可达 57.4%。

表 6-2　正交实验结果

试验号	因素				提取率（%）
	固液比（g/mL）	氢氧化钠浓度（%）	提取时间（h）	提取温度（℃）	
1	1	1	1	1	12.75
2	1	2	2	2	15.75
3	1	3	3	3	25.5
4	1	4	4	4	40.5
5	1	5	5	5	37.88
6	2	1	2	3	22.88
7	2	2	3	4	41.25
8	2	3	4	5	57.38
9	2	4	5	1	30.75
10	2	5	1	2	25.88
11	3	1	3	5	56.63
12	3	2	4	1	36

试验号	因素				
	固液比 (g/mL)	氢氧化钠浓度 (%)	提取时间 (h)	提取温度 (℃)	提取率 (%)
13	3	3	5	2	31.15
14	3	4	1	3	32.25
15	3	5	2	4	42.38
16	4	1	4	2	30.75
17	4	2	5	3	36.75
18	4	3	1	4	35.63
19	4	4	2	5	37.88
20	4	5	3	1	35.25
21	5	1	5	4	33.38
22	5	2	1	5	27
23	5	3	2	1	22.5
24	5	4	3	2	33
25	5	5	4	3	35.63
x_1	26.476	31.278	26.702	27.45	
x_2	35.628	31.35	28.278	27.306	
x_3	39.682	34.432	38.326	30.602	
x_4	35.252	34.876	40.052	38.628	
x_5	30.302	35.404	33.982	43.354	
R	13.206	4.126	13.35	16.048	

6.3.6 方差分析

表 6-3 和表 6-4 显示的是正交试验的方差分析结果。从表中我们可以看出，在 $\alpha=0.01$ 水平下，提取时间和提取温度对纤维素提取率的影响是显著的。而在 $\alpha=0.05$ 水平下，固液比、提取时间和提取温度对甜菜渣纤维素提取率有显著影响。然而，氢氧化钠溶液浓度对甜菜渣纤维素提取率的影响仍然不明显。

表 6-3　方差分析数据表（α=0.05）

因素	偏差平方和	自由度	F 比	F 临界值	显著性
固液比	526.868	4	6.065	3.84	*
NaOH 浓度	79.709	4	0.918	3.84	
搅拌时间	699.641	4	8.054	3.84	*
加热温度	1 033.796	4	11.901	3.84	*
误差	173.73	8			

（标有*的为有显著性）

表 6-4　方差分析数据表（α=0.01）

因素	偏差平方和	自由度	F 比	F 临界值	显著性
固液比	526.868	4	6.065	7.01	
NaOH 浓度	79.709	4	0.918	7.01	
搅拌时间	699.641	4	8.054	7.01	*
加热温度	1 033.80	4	11.901	7.01	*
误差	173.73	8			

（标有*的为有显著性）

6.4　本章小结

　　本章根据单因素试验结果，通过正交试验设计，以甜菜渣纤维素含量为指标，研究了甜菜渣纤维素提取的最佳工艺条件：固液比为 1∶15，氢氧化钠溶液的质量分数为 4%，提取时间为 2 h，提取温度为 90 ℃，在此工艺下，甜菜渣纤维素含量达到了 57.4%。通过方差分析可以看出，在 α=0.05 水平下，固液比、提取时间和提取温度对甜菜渣纤维素提取率有显著影响，而氢氧化钠浓度对甜菜渣纤维素提取率的影响不显著。

第7章 甜菜渣纤维素的制备及其对刚果红吸附性能的研究

7.1 引 言

在新时代，环境问题已经成为当下中国最为突出的问题之一。有报道指出，近年来我国染料企业年排放的污水总量就已经高达 14 亿吨以上。绝大多数染料均为有毒的物质，对自然环境造成了严重破坏。现代社会中，工业排放的大量污水对水资源造成了严重的污染，同时破坏了大自然的生态平衡。在很多工厂里排放的污水里含有一定的重金属离子（如铜离子、铅离子、汞离子等）；纺织工厂排放的废水里含有染料（如刚果红、罗丹明 b、橙黄 II 等）。这些污染物都非常不易降解，易存留在有机组织中，引起各种问题[①]。

如何除去废水中的染料，是一些染料企业要解决的重要问题。目前常用于化工染料中废水的处理方法有：化学氧化法、吸附法、生化法、离子交换法、电化学法、生物膜法、活性污泥法等[②③]。吸附法是属于物理方法中被广

---

① 赵亚红. 木质纤维素基纳米复合材料对刚果红染料吸附及解吸性能的研究 [D]. 呼和浩特：内蒙古农业大学，2012.

② 岳希霞，俸海凤，林海涛，等. 蔗渣基吸附剂的制备及对刚果红的吸附性能 [J]. 广西科技大学学报，2017，30（28）：240-258.

③ 唐婧，范开敏. 二乙烯三胺改性花生壳纤维素对水中刚果红的吸附 [J]. 环境工程学报，2016，42（5）：755-764.

泛应用的一种。吸附法处理废水是利用一些吸附剂将废水中的一种或者多种污染物质吸附在吸附剂表面而去除，其优点在于吸附效果较好、速度较快、成本低廉、可重复使用等。

目前吸附剂最主要有无机氧化物、树脂、活性炭、活化煤、焦炭和废弃物质等。其中，以纤维素基为原料的吸附剂具有种类繁多、分布广泛、成本价廉、使其自然降解，不会产生二次污染等优点[①]。

本实验以甜菜渣纤维素作为吸附材料，通过改变染料 pH 值、初始浓度、吸附时间，来确定最佳吸附条件，最后利用吸附动力学模型、等温吸附模型以及傅里叶红外光谱进行了详细的研究。

7.2　材料与方法

7.2.1　实验设备

实验设备见表 7-1。

表 7-1　实验设备

仪器名称	仪器型号	生产厂家
磁力加热搅拌器	85-2	上海司乐仪器有限公司
HH-4 数显恒温水浴锅	HH-4	江苏省坛市荣华仪器制造有限公司
LGJ-10E 冷冻干燥机	SZG	北京四环科学仪器厂有限公司
DHG-9254A 型电热恒温鼓风干燥箱	KQ-C	上海齐欣科学仪器有限公司
PHS-2F pH 计	PHS-2F	安亭昌吉路 149
TU-1901 双光束紫外可见分光光度计	TU-190	北京普仪通用仪器有限责任公司

① 唐婧，范开敏. 二乙烯三胺改性花生壳纤维素对水中刚果红的吸附［J］. 环境工程学报，2016，42（5）：755-764.

续表

仪器名称	仪器型号	生产厂家
TT214 型电子天平	TT214	北京赛多利斯仪器系统有限公司
SHZ-82AB 数显冷冻恒温振荡器	SHZ-82AB	金坛市荣华仪器制造有限公司
傅里叶红外光谱仪	FTIR-650	天津中世沃克科技发展有限公司

7.2.2　实验试剂

实验试剂见表 7-2。

表 7-2　实验试剂

试剂名称	试剂规格	生产厂家
氢氧化钠	分析纯	天津市恒兴化学试剂制造有限公司
浓盐酸	优级纯	葫芦岛市渤海化学试剂厂
次氯酸钠	分析纯	天津市恒兴化学试剂制造有限公司
刚果红	分析纯	北京化学试剂公司
溴化钾	分析纯	天津市盛鑫源伟业贸易有限公司

7.2.3　实验方法

7.2.3.1　刚果红标准曲线

刚果红溶液标准曲线—浓度法，498 nm 单色入射光的条件下，通过描绘出一系列的浓度（浓度的配置为依次为 50 mg/L、100 mg/L、150 mg/L、200 mg/L、250 mg/L、300 mg/L）的刚果红染料溶液，测的数据后用浓度法去拟合方程所示：Abs=0.010 28（C）+0.015 79，R^2=0.999 9，拟合曲线如图 7-1 所示。

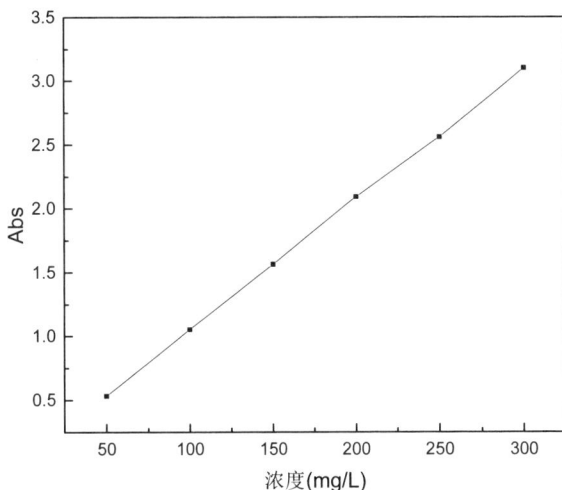

图 7-1　刚果红的标准曲线

7.2.3.2　纤维素的制备

将甜菜渣进行粉碎过筛，称取 40g 粉末加入大烧杯中，加入 4%的氢氧化钠溶液[甜菜渣质量（g）：氢氧化钠溶液体积（mL）=1：15]，进行恒温（90 ℃）水浴搅拌 2 h。然后用 1%亚氯酸钠进行漂白处理。反复用去离子水洗涤到 pH 为 7，抽滤。将产品放入到干净的铁盘中，进行冷冻干燥。获得灰白色的纤维素粉末。

7.2.3.3　吸附量和去除率的计算

用式（7-1）计算吸附量：

$$Q = (C_o - C_e) \times \frac{V}{M} \tag{7-1}$$

其中，Q 为吸附量（mg/g），C_o 为染料的初始浓度（mg/L），C_e 为达到吸附平衡时染料的浓度（mg/L），V 为染料溶液的体积（L），M 为纤维素的质量（g）[①]。

---

① 万学，赖星，周道宴，等. 改性烟草秸秆对水中刚果红的吸附和解析［J］. 环境工程学报，2016，22（8）：120-128.

用式（7-2）计算去除率：

$$R = \frac{C_o - C_e}{C_o} \times 100\% \qquad (7\text{-}2)$$

其中，R 为去除率（%）；C_o 为吸附前溶液浓度（mg/L）；C_e 为吸附后溶液浓度（mg/L）[①]。

7.2.3.4 pH 值对吸附量的影响

称取 0.405 5 g 刚果红粉末，配成浓度为 200 mg/L 的溶液，然后用移液管量取 30 mL 溶液加入 100 mL 锥形瓶中，分别用浓度为 0.1 mol/L 的盐酸和氢氧化钠溶液，分别调其 pH 为 2、3、4、5、6、7、8、9、10、11、12、13，再分别加入 0.06 g 的纤维素，然后置于恒温振荡箱中振荡 6 h，振荡条件为：转速 150 r/min，温度为 25 ℃。移取上清液，用紫外分光光度计测出其上清液的浓度，平行做两组，取其平均值。计算其吸附量，确定吸附的最佳 pH 值。

7.2.3.5 刚果红染料溶液初始浓度对吸附量的影响

称取一定质量的刚果红分别配成溶液浓度为 100 mg/L、150 mg/L、200 mg/L、250 mg/L、300 mg/L，待用。分别取染料溶液 30 mL 加入 100 mL 锥形瓶中，平行做两组实验。用 0.1 mol/L 的 HCL 和 NaOH 溶液调节染料溶液 pH 值为 7，分别加入纤维素吸附剂 0.06 g。放入恒温振荡箱中振荡 6 h，振荡条件为转速 150 r/min、温度 25 ℃。取其上清液测吸光度。计算吸附量，确定吸附的最佳初始浓度值。

7.2.3.6 吸附时间对吸附量的影响

称取 0.302 5 g 的刚果红配成浓度为 300 mg/L 的染料浓度，调节 pH 为中性，放入恒温振荡箱中振荡。振荡条件为：转速 150 r/min，温度为 25 ℃。在 5、10、15、20、25、30、35、40、50、60、70、80、90、100、110、120、

[①] 万学，赖星，周道宴，等. 改性烟草秸秆对水中刚果红的吸附和解析 [J]. 环境工程学报，2016，22（8）：120-128.

150、180、210、240、300、360、420 min 时，用 5 mL 移液管移取 4 mL 上清液转移到细长管中，静置。

7.2.3.7　吸附动力学模型

1. 一级速率方程

一级速率方程进行模拟吸附量-时间的变化趋势。其形式为：

$$\ln\frac{Q_e}{Q} = \ln Q_e - k_1 t \tag{7-3}$$

将式（7-3）转换为线性方程：

$$\frac{1}{Q} = \left(\frac{k_1}{Q_e}\right)\left(\frac{1}{t}\right) + \frac{1}{Q_e} \tag{7-4}$$

其中，Q 为吸附时间 t 时甜菜渣纤维素的单位吸附量（mg/g），k_1 为吸附过程中的速率常数（min），Q_e 为吸附反应达到平衡时纤维素的单位吸附量（mg/g）。以 $\frac{1}{t}$ 为 x 轴，$\frac{1}{Q}$ 为 y 轴作图[1][2]。

2. 二级速率方程

二级速率方程进行模拟吸附量-时间的变化趋势。其形式为：

$$\frac{dQ}{dt} = k_2(Q_e - Q) \tag{7-5}$$

将式（7-5）转换为线性方程：

$$\frac{t}{Q} = \frac{1}{k_2 Q_e^2} + \frac{t}{Q_e} \tag{7-6}$$

其中，Q 为吸附时间 t 时甜菜渣纤维素的单位吸附量（mg/g），k_2 为吸附过程中的速率常数（min），Q_e 为吸附反应达到平衡时纤维素的单位吸附量（mg/g）。以 $\frac{1}{t}$ 为 x 轴，$\frac{1}{Q}$ 为 y 轴作图[3]。

---

① 臧传峰. 纤维素基重金属吸附材料的制备及吸附性能研究［J］. 纺织导报，2015，25（9）：54-56.

② 方贝贝. 金属氧化物复合材料的制备及其对有机染料的吸附性能研究［D］. 长春：吉林大学，2016.

③ 臧传峰. 纤维素基重金属吸附材料的制备及吸附性能研究［J］. 纺织导报，2015，25（9）：54-56.

7.2.3.8　等温吸附模型

在一些吸附热力学的探究中，描述固液体系吸附的等温模型很多，其中被广泛采用的方程有 Langmuir 吸附等温模型、Freundlich 吸附等温模型、Temkin 吸附等温模型、Redlich-Peterson 吸附等温模型、Koble-Corrigan 吸附模型等[①]。

1. Langmuir 吸附等温模型

1916 年，欧文·朗缪尔（Irving Langmuir）首次提出单分子层吸附模型，其吸附属于是单分子层的，当吸附剂的表面达到饱和时，其吸附量会达到最大值。

平衡吸附量与液相平衡浓度的关系为：

$$Q = \frac{Q_m K_L C_e}{1 + K_L C_e} \tag{7-7}$$

其中，Q_m 为单位吸附剂表层铺满单分子层的吸附量，即饱和吸附量（mg/g）；K_L 为吸附常数（L/mg），与吸附热和温度有关[②]。

转化成线性式为：

$$\frac{C}{Q} = \frac{C}{Q_m} + \frac{1}{K_L Q_m} \tag{7-8}$$

根据实验数据，按上式并作图可得 Q_m、K_L 值。

2. Freundlich 吸附等温模型

1907 年，弗罗因德利希（H.M.F.Freundlich）根据恒温吸附实验的结果推导出 Freundlich 吸附方程式，它是非线性方程模式，这种模式适用在高浓度的吸附质去吸附现象描述，而不符合一些低浓度的吸附质，它是经验公式，其方程式如下：

$$Q = K_F C^{\frac{1}{n}} \tag{7-9}$$

---

① 方贝贝，金属氧化物复合材料的制备及其对有机染料的吸附性能研究 [D]. 长春：吉林大学，2016.
② 赵亚红，薛振华，王喜明，等. 羧甲基纤维素/蒙脱土纳米复合材料对刚果红染料的吸附及解吸性能 [J]. 化工学报，2012，63（8）：2655-2660.

Freundlich 吸附等温方程式作为吸附剂表面不均匀的一个经验吸附等温方程式是十分合适的，因为它往往能够在非常广的浓度范围内与实验结果相吻合，但是它的缺陷是没有最大吸附量值，不可以在得出数据的浓度范围之外用来估测吸附作用[①]。

转换为线性式为：

$$\ln Q = \ln K_F + \frac{1}{n}\ln C \qquad （7\text{-}10）$$

以 $\ln C$ 为横坐标，$\ln Q$ 为纵坐标，可求得 n 和 K_F。

7.2.3.9 纤维素的红外表征

将甜菜渣纤维素、碱处理的纤维素以及最终产品分别与溴化钾按比例研磨充分，压片制样。利用傅里叶红外光谱仪进行测定，其波数范围为 500～4 000 cm^{-1}。

7.3 结果与讨论

7.3.1 pH 对吸附量的影响

由图 7-2 我们可以看出，刚果红溶液初始浓度为 200 mg/L、吸附温度 25 ℃、速 150 r/min、吸附时间 12 h 的条件下，在 pH 为 2～6 时吸附量随着 pH 的增加而缓慢增加，在 pH 为 6～7 时吸附量随着 pH 的增加而迅速增加，在 pH 为 7 时吸附量达到最大值。在 pH 为 8～13 时，吸附量随着 pH 的增加有下降的趋势。这主要是因为：在强酸性条件下溶液中的氢离子浓度很高，氢离子与刚果红之间会出现吸附竞争，但是由于氢离子半径小使其能快速占

---

① 王敏敏，薛振华，王丽. 羧甲基纤维素/有机蒙脱土纳米复合材料对刚果红的吸附与解吸性能[J]. 环境工程学报，2014，8（3）：1001-1006.

领活性吸附位并与刚果红分子存在排斥作用，因此在强酸性条件下甜菜渣纤维素对刚果红的吸附率相对较小；pH 为 7 时，吸附量增加[①②③④]。在 pH 为 8 以后吸附量下降可能是因为随着氢氧根离子数目增多，阴离子与氢氧根之间存在相互排斥，竞争吸附空间导致吸附量下降。

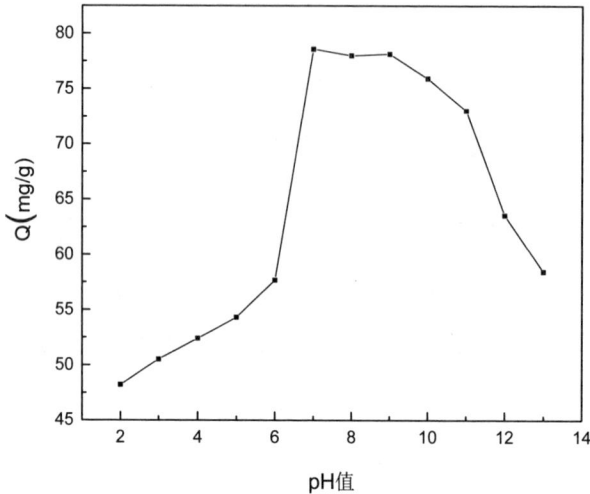

图 7-2 pH 对吸附量的影响

由图 7-3 我们可以看出，刚果红溶液 pH 对染料去除率的影响很大，在 pH 为 2～7 时，去除率随着 pH 的增大而增大，而 pH 大于 7 时去除率随着 pH 的增大而减小，这可能是因为 pH 增大，氢离子数目减少，使吸附表面的负电荷增加进而增加吸附点，从而增加去除率；当 pH 增加到 7 以后，去除率明显有下降趋势，可能是因为吸附剂中的阴离子与溶液中的氢氧根之间存在作用，使得吸附位点减少，导致其去除率减少[⑤⑥]。

---

① 庞方亮. 木质纤维素/膨润土纳米复合材料的制备及性能研究［D］. 呼和浩特：内蒙古农业大学，2011.

② 司静，白腐真菌茸毛栓孔对偶氮染料刚果红脱色的研究［D］. 北京：北京林业大学，2014.

③ 蒋志茵，杨茹，张建春. 大麻杆活性碳对染料吸附性能的研究［J］. 北京化工大学学报（自然科学版），2010，34（2）：34-36.

④ 李芸，庞二牛，陆泉芳. VMT/P（AMPS-co-AA）复合高吸水树脂及其对染料吸附性能的研究［J］. 精细化工，2015，11（6）：339-340.

⑤ 臧传峰. 纤维素基重金属吸附材料的制备及吸附性能研究［J］. 纺织导报，2015，25（9）：54-56.

⑥ 司静，白腐真菌茸毛栓孔对偶氮染料刚果红脱色的研究［D］. 北京：北京林业大学，2014.

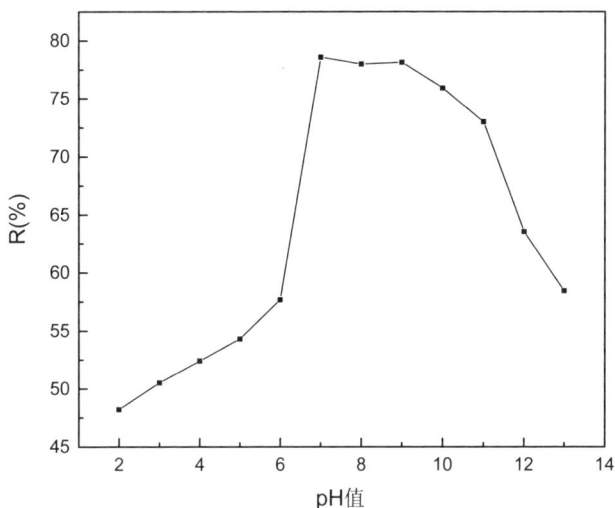

图 7-3 pH 对去除率的影响

7.3.2　染料溶液初始浓度对吸附量的影响

由图 7-4 我们可以看出，在吸附温度 25 ℃、转速 150 r/min、pH 为中性、吸附时间 12 h 的条件下，甜菜渣纤维素对染料的吸附量随着初始浓度的增加而逐渐增大。在初始浓度为 300 mg/L 时，吸附量达到了 108.836 mg/g。这主要是因为，初始浓度较低时染料溶液中的染料分子相对较少一些，所以吸附量比较低；随着染料初始浓度的增加，染料中的"分子压"会相对增大，纤维素对染料的吸附量有所升高[①]。

由图 7-5 我们可以看出，在温度 25 ℃、转速 150 r/min、时间 12 h 时，去除率随着浓度的增大而增大。可能是因为溶液浓度较大，纤维素吸附剂进行吸附的几率增加，所以去除率有所增加。

---

① 司静，白腐真菌茸毛栓孔对偶氮染料刚果红脱色的研究 [D]. 北京：北京林业大学，2014.

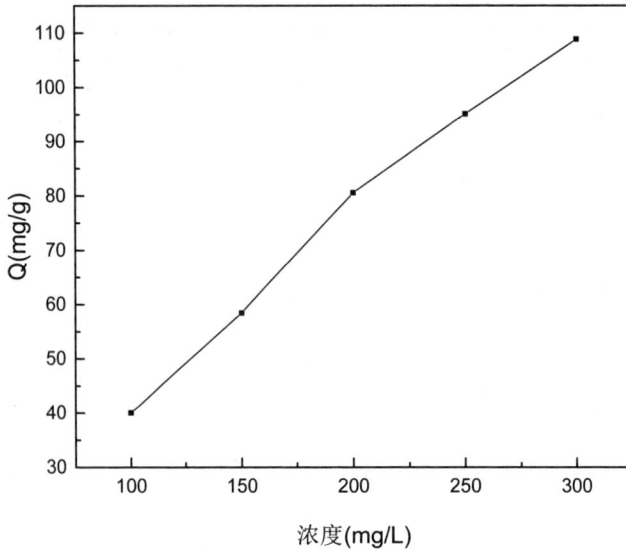

图 7-4　初始浓度对吸附量的影响

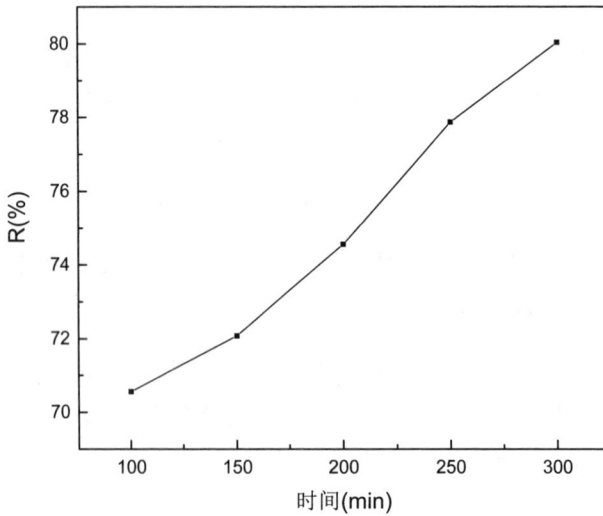

图 7-5　初始浓度对去除率的影响

7.3.3　吸附时间对吸附量的影响

由图 7-6 我们可以看出，在随着时间的延长，纤维素对染料吸附量持续增加，在开始的 300 min 内吸附量增加，呈现上升的趋势，之后增加的比较缓慢，300 min 后，吸附反应基本达到平衡。这主要是因为在初始吸附阶段，吸附材料上面的吸附基团较充沛，能迅速与染料进行吸附，当加入的吸附剂基本达到饱和时，无更多的吸附几率，再延长其吸附时间也不能很明显的增加它的吸附量[①]。

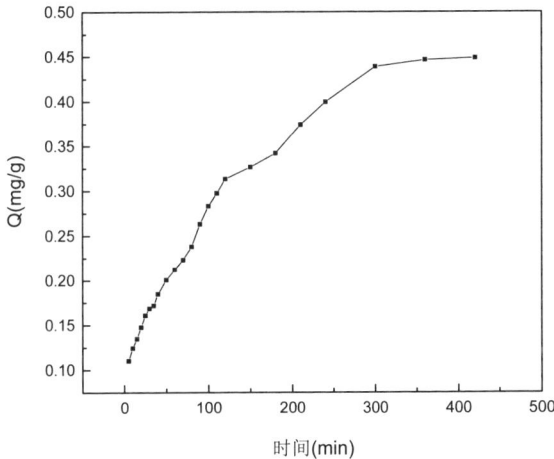

图 7-6　吸附时间对吸附量的影响

由图 7-7 我们可以看出，从 0 min 到 300 min，纤维素对染料的吸附量迅速增加，去除率亦相应增加，在 300 min 之后增加的比较缓慢，300 min 后，吸附基本上达到平衡，去除率亦如此。这主要是因为在初始吸附阶段，吸附位点较多，能迅速与染料吸附，当吸附剂越来越多时，吸附位点明显减少，再继续延长时间吸附量增加的也很较迟缓，此时可以近似地看作为达到了吸附平衡。

---

① 蒋志茵，杨茹，张建春. 大麻杆活性碳对染料吸附性能的研究 [J]. 北京化工大学学报（自然科学版），2010，34（2）：34-36.

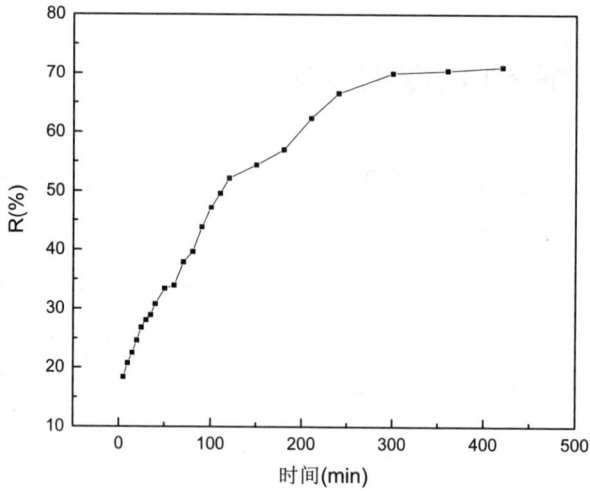

图 7-7 吸附时间对去除率的影响

7.3.4 吸附动力学模型

7.3.4.1 一级速率方程

根据一级动力学拟合的线性方程 $y=0.971\,03x+0.017\,88$，$R^2=0.990\,52$，可知拟合度比较好（图 7-8）。

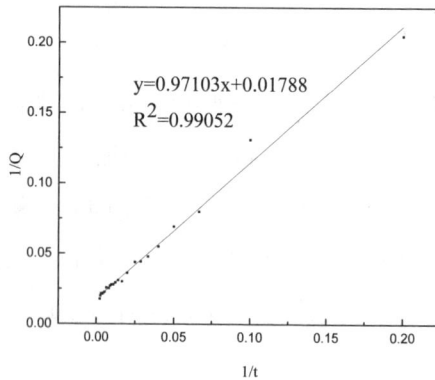

图 7-8 一级速率方程

102

7.3.4.2　二级速率方程

根据二级动力学拟合的线性方程 $y=011\,19x+0.839\,5$，$R^2=0.991\,88$，可知拟合度非常好（图7-9）。

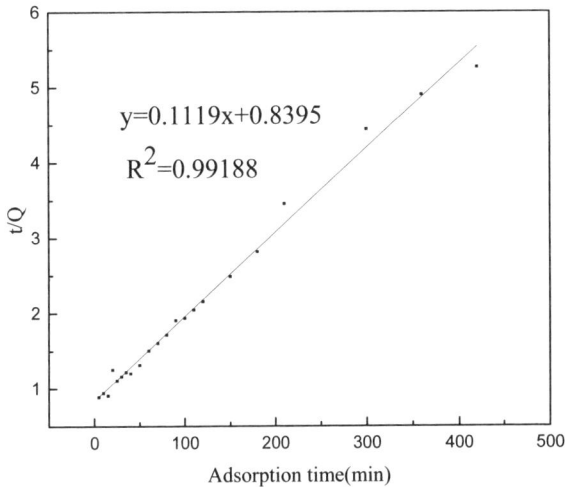

图7-9　二级速率方程

根据线性拟合实验可以得出结论：一级线性动力学方程和二级线性动力学方程都能较好的描述甜菜渣纤维素吸附刚果红染料的过程，但二级方程中 R^2 更大，因此用二级线性方程描述其吸附过程更合适一些，该吸附为化学吸附[①]。

7.3.5　等温吸附模型

7.3.5.1 Langmuir 吸附等温模型

Langmuir 吸附等温模型如图 7-10 所示。

---

① 李芸，庞二牛，陆泉芳. VMT/P（AMPS-co-AA）复合高吸水树脂及其对染料吸附性能的研究［J］. 精细化工，2015，11（6）：339-340.

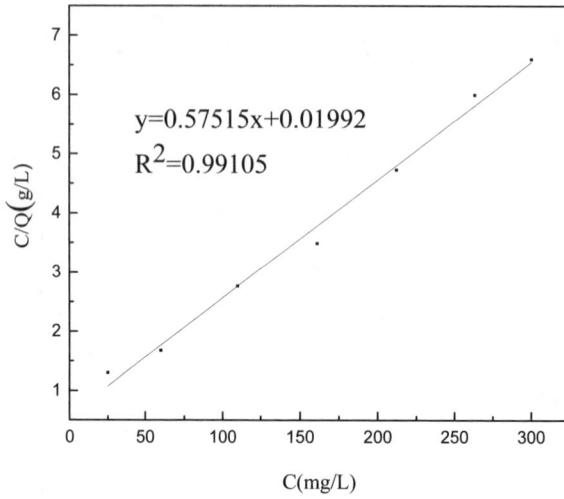

图 7-10 Langmuir 吸附等温模型

7.3.5.2 Freundlich 吸附等温模型

Freundlich 吸附等温模型如图 7-11 所示。

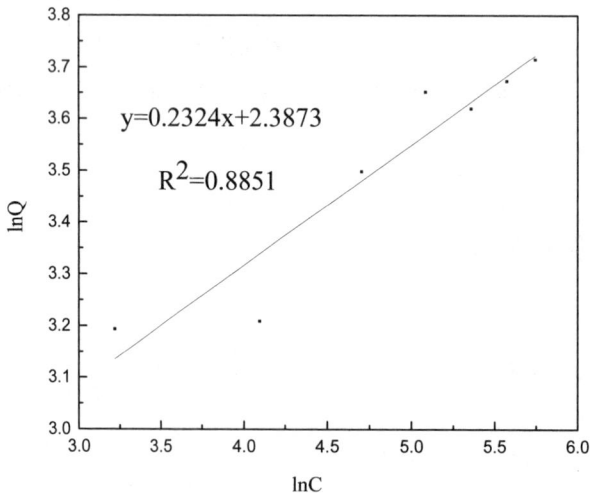

图 7-11 Freundlich 吸附等温模型

由上图和表 7-3 的数据可知，Langmuair 等温吸附模型中 R^2 为 0.991 1，而 Freundlich 等温吸附模型中如 R^2 为 0.885 1，所以，Langmuair 等温吸附模型的 R^2 更接近 1，拟合效果更好一些，因此甜菜渣纤维素对刚果红的吸附是以化学单分子层吸附为主要的吸附形式[1]。

表 7-3 Langmuair、Freundlich 方程拟合参数

温度（℃）	Langmuair				Freundlich		
	Q_m（mg/g）	K_L（L/mg）	R^2		K_F（L/mg）	n	R^2
	1.738 6	28.874 3	0.991 1		10.884 0	4.302 9	0.885 1

7.3.6　红外谱图分析

图 7-12 给出了甜菜渣纤维素、碱处理的纤维素以及最终产品的红外光谱图。处理前，在 3 380 cm^{-1} 处有强的吸收峰，其主要是纤维素，木质素以及半纤维素等一些大分子中含有羟基的伸缩振动峰，在碱处理以及最终的纤维素中羟基迅速减少；在 2 900 cm^{-1} 均有碳氢键的伸缩振动，在进行一系列处理后其峰明显变弱；在 1 600 cm^{-1} 处主要是羧基的伸缩振动吸收峰，碱处理后峰明显减小；在 1 383 cm^{-1} 处出现了明显的双峰，它是羧基的二聚体中 C-O，碱处理后，其峰明显变低。表明纤维素在碱处理后，半纤维素和木质素明显减少[2]。

---

① 李芸，庞二牛，陆泉芳. VMT/P（AMPS-co-AA）复合高吸水树脂及其对染料吸附性能的研究[J]. 精细化工，2015，11（6）：339-340.

② 刘盛. 纤维素/壳聚糖基重金属吸附材料的制备及吸附性能的研究［D］. 南宁：广西大学，2015.

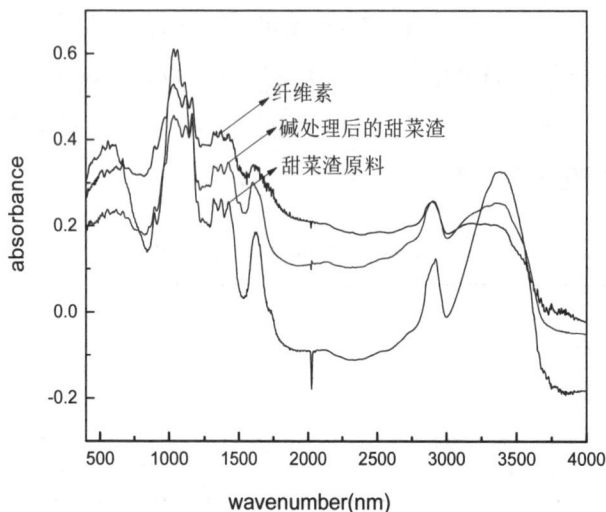

图 7-12　纤维素红外光谱图

7.4　本章小结

本章的以上实验表明，染料浓度 pH、染料溶液初始浓度、吸附时间对甜菜渣纤维素吸附刚果红有很大的影响。在 pH 为 7、初始浓度为 300 mg/L，吸附剂对刚果红的吸附效果较好。由动力学等温吸附模型和热力学等温吸附模型分析表明，该纤维素对刚果红的吸附符合二级动力学方程和 Langmuir 等温模型，所以该吸附为化学单分子吸附[①]。

---

① 刘盛. 纤维素/壳聚糖基重金属吸附材料的制备及吸附性能的研究 [D]. 南宁：广西大学，2015.

第8章 改性纤维素对曙红B的吸附性能研究

8.1 引 言

随着全球工业化进程的不断深入，环境污染日益破坏着我们赖以生存的地球，并且生物圈也在不断地遭到破坏，这极大地威胁着我们的生活，而水资源则是生物生存所必需的物质，但近些年来水质污染进一步加剧了我国水资源的短缺状况[①]。当我们生活在五彩斑斓的世界的同时，我们对地球也造成了极大的破坏，我国是使用染料的大国，而大多数染料是有毒物质并且为难降解的有机物，对我国土壤及水体污染极大，对生态环境造成巨大的威胁，对动、植物及我们人类的身体健康都造成了巨大的影响，这些状况都迫切需求我国的科学技术快速发展来尽快解决这些问题，这就使得人们的目光逐渐投向染料废水的处理上[②]。

纤维素是一种天然的高分子材料，具有降解性、重现性好、聚合度高、化学稳定性强、生物相容性好、分子取向性好、无毒无害等优点，具有许多合成聚合物无法比拟的优良性能，是非常有潜力的绿色有机材料之一，并且纤维素已经在化学、生物、化工材料等科学领域产生了非常重要的影响，也

---

① 姚一军，王鸿儒. 纤维素化学改性的研究进展 [J]. 材料导报，2018，32（19）：3478-3488.
② 胡翠茹. 季铵纤维素对苋菜红染料废水吸附特性及脱色研究 [D]. 合肥：合肥工业大学，2017.

是各领域研究的热点[①]。利用纤维素的优良性质，可将纤维素制成吸附性能良好的吸附剂，应用于含染料废水的治理中。染料等污染物可以被纤维素通过物理吸附法或化学吸附法给除去[②]。并且吸附法比较适合于低浓度染料废水的深度处理，主要优点是绿色环保、可再生、投资小、方法简便易行。

图 8-1 给出了曙红 B 的化学式示意图。

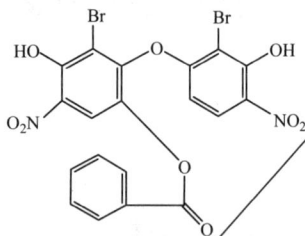

图 8-1　曙红 B 的化学式

8.2　材料与方法

8.2.1　实验试剂及规格

实验试剂及规格见表 8-1。

表 8-1　实验试剂及规格

序号	试剂名称	化学式	试剂规格	生产厂家
1	甜菜渣	-	-	赤峰糖厂
2	氢氧化钠	NaOH	分析纯	天津市恒兴化学试剂制造有限公司
3	尿素	$CO(NH_2)_2$	分析纯	天津市兴复科技发展有限公司

① 朱仪玫，方波，卢拥军，等. 环氧氯丙烷改性纤维素溶液的流变与减阻性能 [J]. 钻井液与完井液，2016，33（6）：95-100.
② 李宗红，潘远凤，肖惠宁，等. 改性纤维素对重金属吸附的研究进展 [J]. 金属世界，2019（1）：36-41+51.

序号	试剂名称	化学式	试剂规格	生产厂家
4	硝酸锰	$Mn(NO_3)_2$	分析纯	国药集团化学试剂有限公司
5	三氯化铁	$FeCl_3$	化学纯	国药集团化学试剂有限公司
6	环氧氯丙烷	EPH	分析纯	国药集团化学试剂有限公司
7	三乙烯四胺	$C_6H_{18}N_4$	分析纯	天津市兴复精细化工研究所
8	甲苯	C_7H_8	分析纯	国药集团化学试剂有限公司
9	乙醇	C_2H_5OH	分析纯	天津市河东区红岩试剂厂
10	丙酮	CH_3COCH_3	分析纯	国药集团化学试剂有限公司
11	曙红 B	$C_{20}H_6Br_2N_2Na_2O_9$	生物染色剂	河北百灵威超精细材料有限公司
12	亚氯酸钠	$NaClO_2$	分析纯	天津市恒兴化学试剂制造有限公司

8.2.2　实验仪器

实验仪器见表 8-2。

表 8-2　实验仪器

序号	仪器名称	型号	生产厂家
1	傅立叶变换红外光谱仪	Nicolet iS5	美国 Thermo fisher
2	双光束紫外可见分光光度计	TU-1901	北京普析通用仪器有限责任公司
3	冷冻干燥机	LGJ-10E	北京四环科学仪器厂有限公司
4	数字超声波清洗器	KQ-800DE	昆山市超声仪器有限公司
5	恒温水浴锅	HH-Z	上海市宇隆仪器有限公司
6	循环水式真空泵	SHD-（Ⅲ）	河南省予华仪器有限公司
7	恒温振荡器	SHA-B	常州国华电器有限公司
8	大功率电动搅拌器	JB50-D	常州国华电器有限公司
9	中草药粉碎机	FW177	天津市泰斯特仪器有限公司
10	集热式磁力搅拌器	DF-II	金坛市佳美仪器有限公司

8.2.3 纤维素的制备

将甜菜渣放在粉碎机中粉碎，用筛子（80 目）筛除未粉碎的大颗粒[1]。配置 4% 的 NaOH 溶液备用，将甜菜渣固体与 NaOH 溶液混合的比例为 1：15，并不断搅拌 2 h，取出后用滤布过滤并不断洗涤至中性。取一个 250 mL 的锥形瓶，放入 2 g 甜菜渣、65 mL 蒸馏水、0.5 mL 冰醋酸、0.375 g NaClO$_2$ 固体，在 75 ℃ 条件下，放入恒温振荡器中振荡 3 h，每振荡 1 h 后需加入 0.5 mL 冰醋酸和 0.375 g NaClO$_2$ 固体（共加两次）。取出溶液进行抽滤，用蒸馏水多次洗涤至中性，再用丙酮洗涤，抽滤干之后放入铁盘中，用真空冷冻干燥机进行干燥 18 h，得到灰白色粉末状固体即纤维素[2][3]。

8.2.4 磁性纤维素的制备

将 4 g NaOH 固体和 6 g CO（NH$_2$）$_2$ 固体溶解在 40 mL 蒸馏水中，向混合溶液中加入 1 g 纤维素，在室温下搅拌 5 min 后放冰箱中冷藏 1 h，获得浑浊液。另将 2.25 g 六水合三氯化铁和 1 g 硝酸锰在室温下搅拌 5 min，加入 50 mL 蒸馏水进行溶解。将所得浑浊液溶解在上述混合溶液中，放入 80 ℃ 超声波水浴中并进行不断搅拌，超声处理 1 h 后进行抽滤，将所得沉淀用蒸馏水多次洗涤，将所得固体放入铁盘中，用真空冷冻干燥机进行干燥 10 h，得到黑色粉末状固体即磁性纤维素。

8.2.5 氨化磁性纤维素的制备

向 50 mL 0.25 mol/L 的溶液中加入 1 g 磁性纤维素，在室温下用搅拌器搅

① 李萌，周欣悦，代孟富，等. 正交试验法优化提取甜菜渣纤维素工艺[J]. 浙江化工，2018，49（12）：23-27.

② 李萌. 纳米纤维素纤维的制备及其应用的研究［D］. 北京：中国农业大学，2015.

③ 林青雯. 纤维素基吸附剂的制备及其吸附性能研究［D］. 西安：陕西师范大学，2017.

拌 1 h，在搅拌期间慢慢滴加 5 mL 的环氧氯丙烷，将配制好的溶液在 40 ℃条件下进行回流 6 h，冷却，抽滤，先用乙醇洗涤、再用丙酮洗涤，以除去没有完全反应的有机物，从而得到纯净固体。将所得固体加入 25 mL 甲苯中，边搅拌边不断缓慢滴入 5 mL 三乙烯四胺，将该混合溶液在 90 ℃油浴锅中边回流边搅拌 24 h，冷却，抽滤，先用乙醇、在用丙酮、最后用蒸馏水进行多次洗涤，在室温下干燥后得到黑色粉末状固体即氨化磁性纤维素[①]。

8.2.6 吸附的最佳条件探究

8.2.6.1 标准曲线的测定

配制浓度分别为 10 mg/L、20 mg/L、30 mg/L、40 mg/L、50 mg/L 曙红 B 溶液，将波长调为 514 nm，用紫外分光光度计分别测定以上 5 种溶液的吸光度值，绘制曙红 B 溶液的标准曲线。图 8-2 为曙红 B 溶液的标准曲线，由图 8-2 我们可以得知，曲线的方程式为 $y=0.094x-0.645\ 9$，$R^2=0.999\ 3$。由此可知，曲线的线性关系较好。

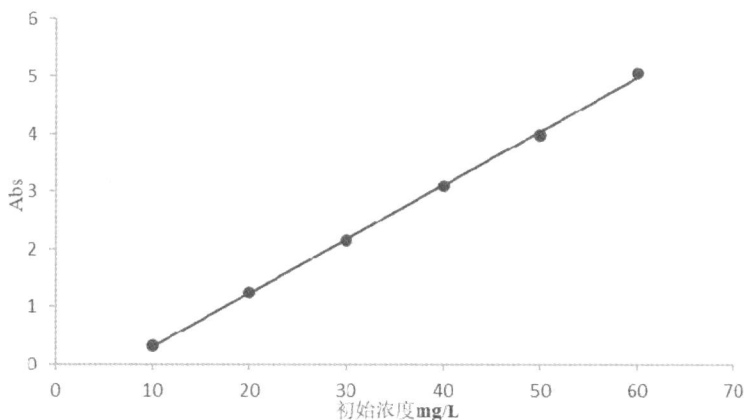

图 8-2 曙红 B 溶液的标准曲线

---

① 陈选. 氨基化纤维素的制备及其吸附和絮凝性能研究 [D]. 杭州：浙江理工大学，2018.

8.2.6.2　不同 pH 值对吸附效果的影响

配制浓度为 300 mg/L 的曙红 B 溶液，移取 30 mL 溶液于锥形瓶中，加入 0.03 g 氨化磁性纤维素，用 1 mol/L HCl 溶液、0.1 mol/L HCl 溶液、0.1 mol/L NaOH 溶液调 pH 值分别为 2、3、4、5、6、7、8、9，将锥形瓶放入振荡器中振荡，调节振荡的条件为温度 30 ℃，转速为 140 r/min。振荡 8 h 后，取上清液测定吸附后浓度。将实验重复测定两组，取平均值[①]。

8.2.6.3　不同吸附剂的量对曙红 B 溶液吸附效果的影响

配制浓度为 300 mg/L 的曙红 B 溶液，移取 30 mL 溶液于锥形瓶中，分别加入 0.25 g/L、0.5 g/L、0.75 g/L、1 g/L、1.25 g/L、3 g/L 吸附剂，并调至 pH 为 3，在 30 ℃和 140 r/min 条件下的振荡器中振荡 8 h 后，取上清液测定吸附后浓度。将实验重复测定两组，取平均值[②]。

8.2.6.4　不同初始浓度对吸附效果的影响配制浓度为 300 mg/L 的曙红 B 溶液

配制曙红 B 溶液浓度分别为 100 mg/L、200 mg/L、300 mg/L、400 mg/L、500 mg/L、600 mg/L、700 mg/L 的溶液，分别移取 30 mL 溶液于锥形瓶中，加入 0.03 g 吸附剂，调至 pH 为 3，在 30 ℃、140 r/min 条件下的振荡器中振荡 8 h 后，取上清液测定吸附后浓度。将实验重复测定两组，取平均值。

8.2.6.5　不同温度对吸附效果的影响

配制浓度为 300 mg/L 的曙红 B 溶液，移取 30 mL 溶液于锥形瓶中，加入 0.03 g 吸附剂，调至 pH 为 3，在 140 r/min 条件下的振荡器中振荡，温度分别调至 20 ℃、30 ℃、40 ℃、50 ℃、60 ℃，在振荡器中振荡 8 h 后，取上清液测定吸附后浓度。将实验重复测定两组，取平均值。

① 岳新霞，俸海凤，林海涛，等. 蔗渣基吸附剂的制备及对刚果红的吸附性能 [J]. 广西科技大学学报，2017，30（28）：240-258.
② 杨淑敏，孙丰强. α-Fe₂O₃ 纳米颗粒的制备及其对曙红 B 的吸附性能研究 [J]. 华南师范大学学报（自然科学版），2015，47（6）：52-57.

8.2.6.6 不同时间对吸附效果的影响

将实验重复测定两组，移取 30 mL 溶液于锥形瓶中，加入 0.6 g/L 吸附剂，调至 pH 为 3，在 30 ℃和 140 r/min 条件下振荡，分别振荡 10 min、20 min、30 min、50 min、70 min、90 min、120 min、150 min、180 min、240 min、300 min、360 min、420 min、480 min 后，取上清液测定吸附后浓度。将实验重复测定两组，取平均值。

8.3 结果与讨论

8.3.1 计算公式

根据紫外分光光度计测得吸附后溶液浓度，再根据式（8-1）和式（8-2）计算出吸附容量及去除率[①]。

$$q=(C_0-C_e)\times V/m \tag{8-1}$$

$$R=(C_0-C_e)/C_0\times 100\% \tag{8-2}$$

其中，C_0 为吸附前溶液的浓度（mg/L），C_e 为吸附后的浓度（mg/L），V 为溶液的体积（L），m 为吸附剂的质量（g），q 为吸附容量（mg/g），R 为去除率（%）。

动力学模型常用的有一级动力学模型和二级动力学模型，一级动力学方程表达式为：

$$\ln(q_e-q_t)=\ln q_e-k_1 t \tag{8-3}$$

其中，q_t 为 t 时刻的吸附容量（mg/g），q_e 为平衡时刻的实际吸附容量（mg/g），t 为吸附时间（min），k_1 为速率常数（min^{-1}）。

---

① 孟佩佩，李琰. 改性纤维素对水体孔雀石绿的吸附动力学实验设计［J］. 广东化工，2017，44（7）：10-13.

二级动力学方程的表达式为：

$$t/q_t=1/k_2q_e{}^2+t/q_e \tag{8-4}$$

其中，q_t 为 t 时刻的吸附容量（mg/g），q_e 为平衡时刻的理论吸附容量（mg/g），t 为吸附时间（min），k_2 为速率常数 [g/（mg·min）]。

热力学模型常用的有 Langmuir 等温吸附模型和 Freundlich 等温吸附模型，Langmuir 等温吸附表达式为：

$$C_e/q_e=C_e/q_m+1/q_mK_L \tag{8-5}$$

其中，C_e 为溶液的初始浓度（mg/L），q_e 为平衡时刻的实际吸附量（mg/g），q_m 为吸附剂的最大吸附容量（mg/g），K_L 为 Langmuir 经验常数。

Freundlich 等温吸附表达式为：

$$\ln q_e=\ln K_F+\ln C_e/n \tag{8-6}$$

其中，C_e 为溶液的初始浓度（mg/L），q_e 为平衡时刻的实际吸附量（mg/g），K_F 为 Freundlich 经验常数；n 为常数。

8.3.2　最佳 pH 值的确定

用改性后的纤维素也就是氨化的磁性纤维素作为吸附剂去吸附曙红 B 溶液，pH 值对本实验所用的碱性吸附剂的影响非常大。pH 值不同时测定的曲线如图 8-3 所示。

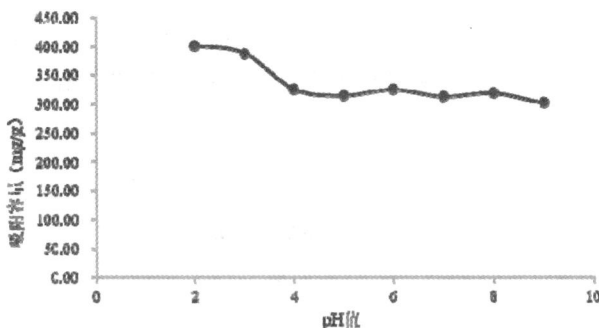

图 8-3 pH 值对吸附效果的影响

为了探究不同 pH 值时吸附剂对曙红 B 溶液的吸附效果，本实验使用的是控制变量法。从图 8-3 我们可以看出，pH 为 2～4 时，吸附容量不断下降；pH 为 4～9 时，吸附容量基本保持稳定。当 pH 为 2 时，实验时可以清晰的看到有红色物质从溶液中沉淀出来，变为悬浊液。而吸附剂呈碱性，而 pH 会使溶液离子化或者质子化，当溶液呈酸性时，可进行中和使吸附效果好，并且在确保吸附剂有较好的吸附容量的同时，为了减少误差、让吸附效果更好却又不至析出染料，本实验中吸附曙红 B 选择的最佳 pH 值为 3。

8.3.3 最佳吸附剂的质量浓度的确定

不同吸附剂的质量浓度对曙红 B 溶液的吸附效果测定的曲线如图 8-4 所示。

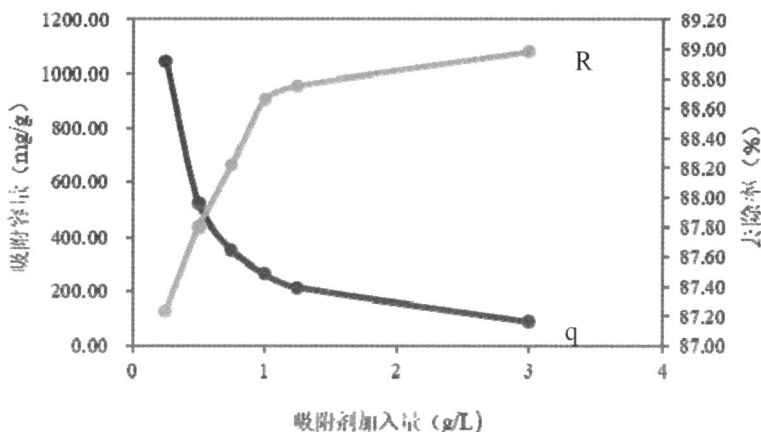

图 8-4 吸附剂的质量浓度对吸附效果的影响

从图 8-4 我们可以看出，随着实验中吸附剂添加量的增多，去除率增加，但是吸附容量下降。因为随着吸附剂的增多，单位面积的吸附剂随着其表面积的增大，去除率在增大，而单位面积的吸附容量在减少。本实验中吸附曙红 B 溶液最佳吸附剂的质量浓度为 0.6 g/L 也就是吸附剂所加入的质量为 0.018 g。

8.3.4　最佳初始浓度的确定

在反应温度为 30 ℃，吸附剂的质量为 0.018 g、pH 为 3、反应时间为 8 h 时，测定曲线如图 8-5 所示。

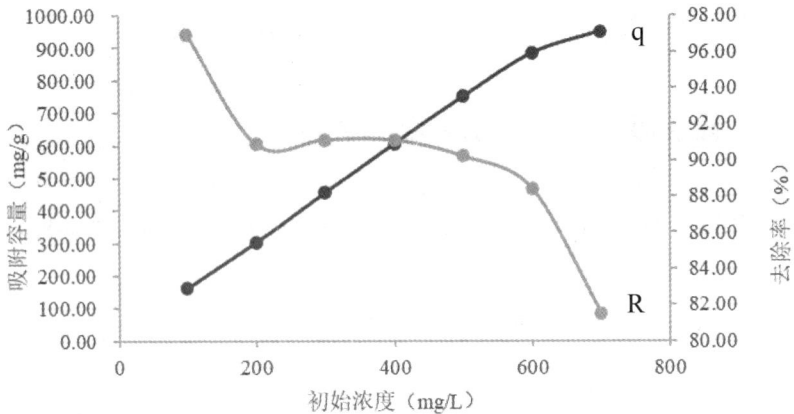

图 8-5　不同初始浓度对吸附反应的影响

从图 8-5 我们可以看出，随着初始浓度的增加吸附容量在增加，是因为随着染料浓度的增加，染料分子会更多地结合在吸附剂表面，从而引起单位吸附剂的吸附量增加，单位面积的去除率减小，根据吸附容量和去除率曲线的交点确定最佳初始浓度为 400 mg/L。

8.3.5　最佳反应温度的确定

初始浓度为 400 mg/L、吸附剂的质量浓度为 0.018g 调整反应温度所得曲线如图 8-6 所示。

从图 8-6 我们可以看出，随着温度的增加吸附剂的吸附容量先增加后减小，这是因为随着温度的上升曙红 B 分子运动加快，使曙红 B 分子与氨化磁性纤维素分子的碰撞加快，促进了吸附剂的吸附以及向分子内部扩散，吸附容量增大；但当温度继续升高，反应的动态平衡被逐渐破坏，染料分子从吸附剂的表面自动脱落，吸附容量下降，所以本实验的最佳吸附温度为 40 ℃。

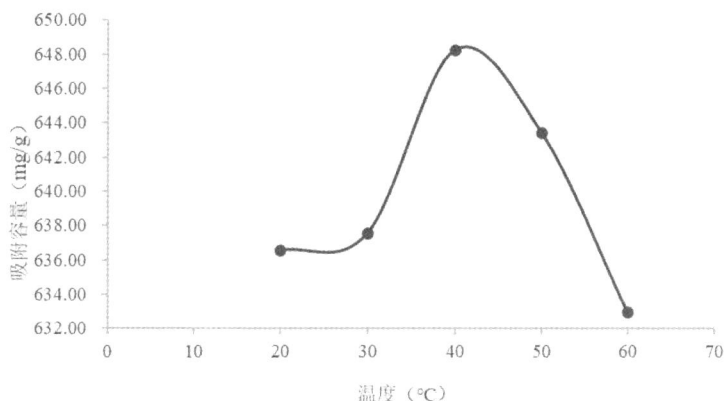

图 8-6 不同温度对吸附反应的影响

8.3.6 最佳反应时间的确定

在 40 ℃的条件下，染料初始浓度为 400 mg/L、吸附剂的加入量为 0.018 g、pH 为 3 的条件下，不同的反应时间对吸附效果的影响所得曲线如图 8-7 所示。

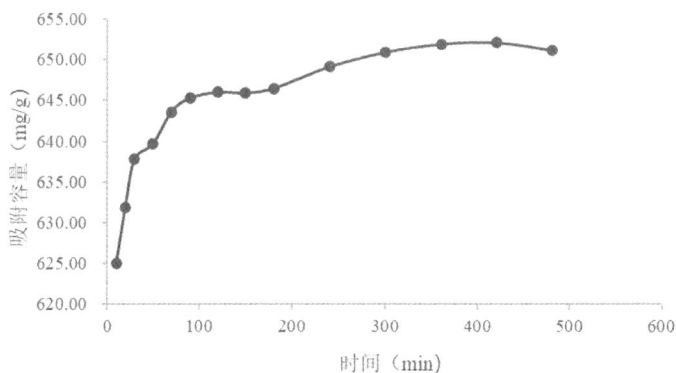

图 8-7 不同时间对吸附反应的影响

从图 8-7 我们可以看出，随着时间的增加，吸附剂的吸附容量在不断地增加，吸附容量的增加由快到慢，达到 420 min 时达到了吸附容量的最大值，基本上达到了反应的动态平衡，纤维素表面积的吸附位点达到饱和，而在 480 min 时吸附容量下降则是染料分子逐渐脱落，所以本实验的最佳时间为 420 min。

8.3.7　动力学拟合图

一级动力学拟合图如图 8-8 所示。

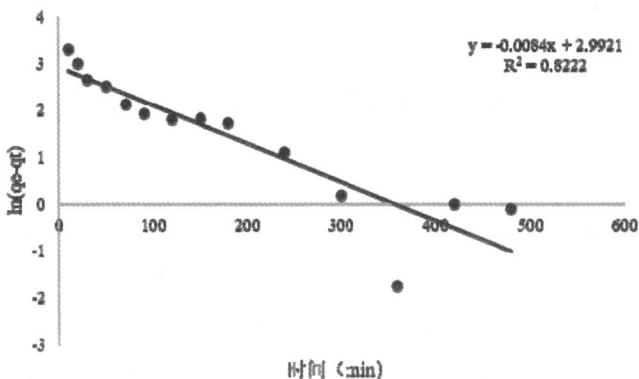

$$y = -0.0084x + 2.9921$$
$$R^2 = 0.8222$$

图 8-8　一级动力学拟合图

二级动力学拟合图如图 8-9 所示。

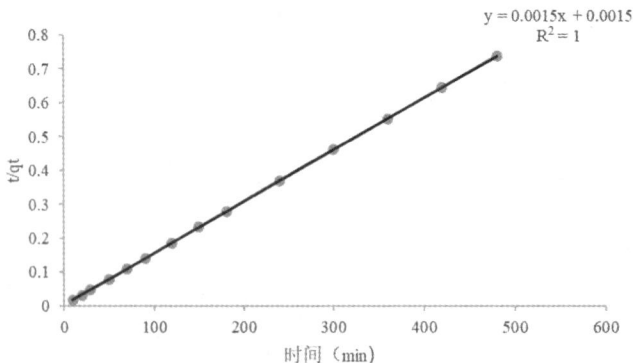

$$y = 0.0015x + 0.0015$$
$$R^2 = 1$$

图 8-9 二级动力学拟合图

动力学模型及参数见表 8-3。

表 8-3 动力学模型及参数

温度（℃）	准一级动力学			准二级动力学		
	q_e（mg/g）	k_1（min^{-1}）	R^2	q_e（mg/g）	k_2（min^{-1}）	R^2
40	19.93	0.084	0.822 2	666.67	0.001 6	1

从表 8-3 我们可以看出，一级动力学方程的 R^2 值为 0.822 2，二级动力学方程的 R^2 的值为 1，两者相比较之下，准二级动力学模型的拟合效果更好一些，所以氨化磁性纤维素对曙红 B 的吸附更符合二级动力学，属于化学吸附[①]。

8.3.8 热力学拟合图

Langmuir 等温吸附拟合图如图 8-10 所示。

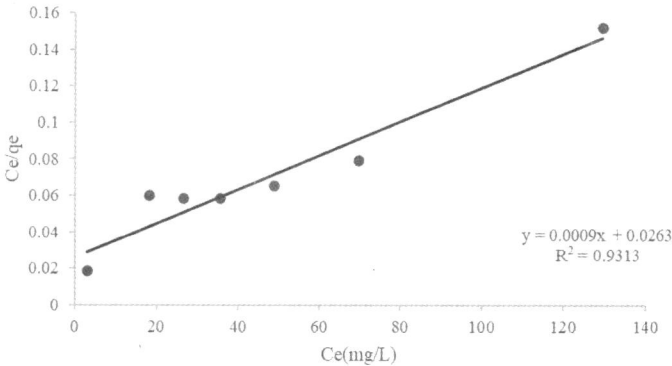

$$y = 0.0009x + 0.0263$$
$$R^2 = 0.9313$$

图 8-10 Langmuir 等温吸附拟合图

Freundich 等温吸附拟合图如图 8-11 所示。

---

① 师浩淳. 纤维素基复合吸附材料的制备及其应用 [D]. 天津：大学，2014.

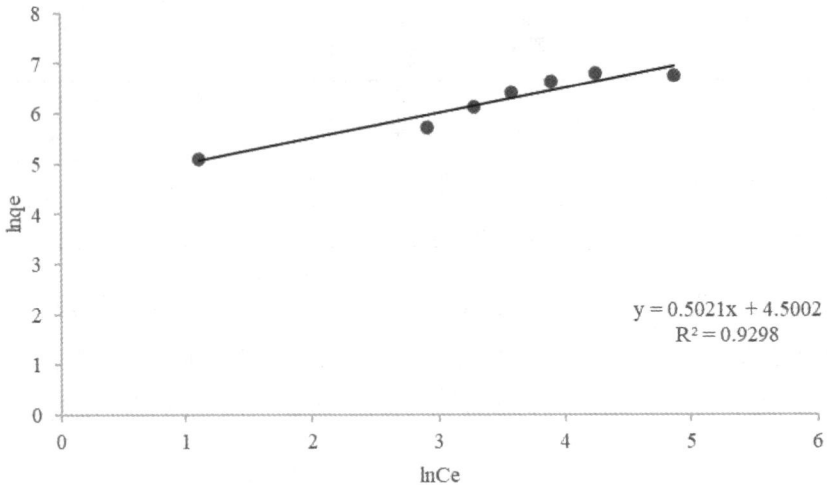

$$y = 0.5021x + 4.5002$$
$$R^2 = 0.9298$$

图 8-11 Freundich 等温吸附拟合图

Langmuir、Freundlich 热力学模型及参数见表 8-4。

表 8-4 Langmuir、Freundlich 热力学模型及参数

温度 (℃)	Langmuir			Freundlich		
40	q_m（mg/g）	b（L/mg）	R^2	K_F	n	R^2
	111.11	0.34	0.931 3	90.03	1.99	0.929 8

从表 8-4 我们可以看出，在 Langmuir 等温模型中，R^2 的值为 0.931 3；而在 Freundlich 等温模型中 R^2 的值为 0.929 8。这二者相比较之下，Langmuir 等温吸附模型的拟合效果要更好一些，所以氨功能化磁性纤维素吸附曙红 B 更加符合 Langmuir 等温吸附模型，属于单分子层吸附。

8.3.9 对三种纤维素的红外表征

三种样品的红外光谱图如图 8-12 所示。

120

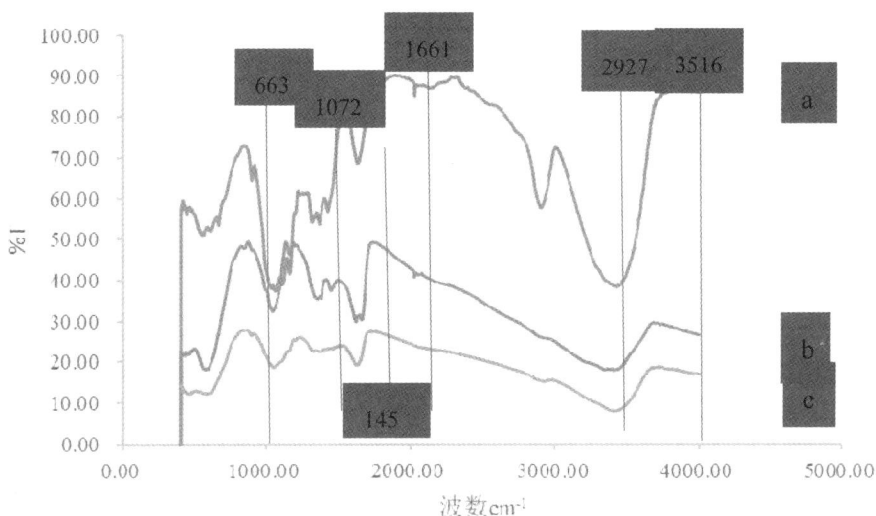

图 8-12 三种样品的红外光谱图

从图 8-12 我们可以看出，曲线 a、b、c 分别为纤维素、磁性纤维素、氨化磁性纤维素的红外光谱，3 516 cm⁻¹ 处的吸收峰为 O-H 键的伸缩振动；曲线 a 在 2 927 cm⁻¹ 处吸收峰反映了饱和 C-H 键的伸缩振动，但曲线 b、c 反映出了 C-H 键的消失，说明 H 原子被其他基团所取代；在 1 661 cm⁻¹ 处为 C=O 键的伸缩振动；曲线 a、b 在 1 456 cm⁻¹ 处为 O-H 键的面内的弯曲振动，但曲线 b 的峰型较弱，曲线 c 几乎没有出现强烈的峰，说明 O-H 键被取代；1 072 cm⁻¹ 处的吸收峰是 C-N 键的伸缩振动；在 663 cm⁻¹ 处为 N-H 键的面外的弯曲振动；在通过以上论述，说明本实验的氨化改性可以正常进行。

8.4 本章小结

本章以甜菜渣为原料制作纤维素，进而将纤维素进行改性实验制成本实验所需要的吸附剂即氨功能化磁性纤维素。在用吸附剂吸附曙红 B 溶液的实验中，分别探究了反应的 pH 值、吸附剂的加入量、溶液的初始浓度、反应温度以及反应时间五个因素。通过本实验确定的最佳的反应条件是：在反应温度为 40 ℃、转速为 130 r/min 时，曙红 B 溶液的初始浓度为 400 mg/L、吸附剂的质量浓度为 0.6 g/L、pH 值为 3、吸附时间为 7 h。根据动力学拟合图可知本实验更加符合二级动力学模型，所以为化学吸附，根据等温吸附拟合图可知本实验更加符合 Langmuir 等温吸附模型，所以为单分子吸附。

第 9 章 结论与建议

9.1 主要结论

纳米纤维素纤维作为一种可生物降解的天然高分子材料，在多个领域已成为科学家们研究的新重点和热点。本书对纳米纤维素纤维的制备以及在淀粉膜中的应用进行了研究：本书采用结合化学处理和高压均质技术的方法制备了纳米纤维素纤维，并采用扫描电镜（SEM）、透射电镜（TEM）、傅里叶转换红外光谱仪（FTIR）、X 射线衍射仪（XRD）和热重分析仪（TGA）对其微观形貌、化学性质、结晶度和热稳定性等性能进行了分析和表征，揭示了其性能与结构的关系；再将纳米纤维素纤维与淀粉混合，利用溶液铸膜法制备了 PS/CNFs 复合膜，并对其微观形貌、结晶度、亲水性、透水性、透光性、流变特性等理化性能进行了研究，初步揭示了纳米纤维素纤维对淀粉膜的作用机理；最后利用微波辅助化学处理玉米芯，成功制备出纤维素纤维，并对其性能进行了分析和表征。本书研究的具体结论如下：

9.1.1　甜菜渣纳米纤维素纤维理化性能表征

（1）化学处理有效地去除了原料中的半纤维素和木质素，大大提高了样品中纤维素的含量。半纤维素含量从 25.4% 降到了 7.01%，木质素被彻底消除了，纤维素含量从 44.96% 增加到了 82.83%。

（2）高压均质处理极大地改变了样品的微观结构。经过高压均质处理后，样品的网状结构被彻底破坏了，同时纳米纤维素纤维从细胞壁中释放出来，纤维直径范围在几纳米和 70 nm 之间。

（3）未处理的甜菜渣、碱处理的甜菜渣、漂白处理的甜菜渣和纳米纤维素纤维的结晶度分别为 35.1%、66.87%、71% 和 77.89%，纳米纤维素纤维的结晶度得到了显著提高（$p < 0.05$），同时样品的晶型被完整地保留下来了。这是因为化学处理能够将样品中的半纤维素和木质素等物质从无定形区中溶解出来，同时高压均质处理能够使纤维素分子的结构更加有序和紧实。

（4）化学处理能够显著地（$p < 0.05$）提高样品的热稳定性，样品的开始分解温度从 224.4 ℃ 提升到了 272.7 ℃，而残渣含量从 17.67% 降到了 10.73%，这极大地拓宽了纳米纤维素纤维在材料领域的应用范围。

9.1.2　纳米纤维素纤维对 PS/CNFs 复合膜理化性能的影响

（1）当纳米纤维素纤维含量小于或者等于 15% 时，其能够非常均匀地分布在淀粉基体中，这得益于淀粉和塑化剂与纳米纤维素纤维有着很好的相容性，且淀粉与纤维素之间能形成强烈的氢键作用；当纳米纤维素纤维含量达到 20% 时，它的分散性能会变差，分布不均匀，出现了很多团聚现象。

（2）PS/CNFs 膜的结晶衍射峰主要是由其中的纳米纤维素纤维引起的，并且在成膜过程中，纳米纤维素纤维的晶体结构并没有发生变化，纳米纤维素纤维也没有改变淀粉膜的晶体结构。纳米纤维素纤维能够明显提高淀粉膜的结晶度，其结晶度会随着纳米纤维素纤维含量的增加而显著增大（$p < 0.05$）。

（3）纳米纤维素纤维能显著地降低淀粉膜的亲水性（$p < 0.05$），并且 PS/CNFs 膜的亲水性会随着纳米纤维素纤维含量的增加而逐渐降低。

（4）纳米纤维素纤维明显降低了淀粉膜的透湿性，这是因为纳米纤维素纤维填充了淀粉膜中的空隙空间，从而使膜的内部结构更加紧实了，水分子在膜中的扩散、溶解和渗透也会受到更大的限制。纳米纤维素纤维的大分子量和其很低的水溶解性也是导致 PS/CNFs 膜抗水性能增加的一个重要原因。当纳米纤维素纤维的含量为 20%时，PS/CNFs 膜的透湿性却增加了，这是因为 PS/CNFs 膜中出现了更多的团聚现象，产生了更大的团聚体系和更大的空隙空间，这些都有利于水分子的渗透。

（5）纳米纤维素纤维能够明显降低 PS/CNFs 膜的透光度。纯淀粉膜吸光度最小，为 101.253 AU·nm，即透光性最好；PS/CNFs-15 的吸光度达到最大，为 218.708 AU·nm，即透光性最弱。当纳米纤维素纤维含量为 20%时，膜的透光性却增强了，这是因为淀粉膜中形成了更大的团聚体系，会产生新的空隙，从而导致淀粉膜的透光性的提高。

（6）纳米纤维素纤维能够显著提高 PS/CNFs 膜的玻璃化转变温度，且 PS/CNFs 膜的玻璃化转变温度会随着纳米纤维素纤维含量的增加而逐渐增大（从 41.25 ℃增大到 57.35 ℃）。

9.1.3 纳米纤维素纤维对 PS/CNFs 复合膜流变性能的影响

（1）在频率扫描测试中，纳米纤维素纤维的浓度显著影响 PS/CNFs 膜的储能模量和损耗模量，储能模量和损耗模量均随纳米纤维素纤维浓度的增加而增大。当纳米纤维素纤维的浓度达到或超过 20%时，储能模量反而随纳米纤维素纤维浓度的增加而减小。纳米纤维素纤维的添加既能提高淀粉膜的弹性，也能提高其粘性。在整个频率测试范围内，PS/CNFs 膜的储能模量都远远大于其损耗模量，表明 PS/CNFs 膜主要表现出弹性性能。

（2）在蠕变-恢复测试中，纳米纤维素纤维的浓度显著影响 PS/CNFs 膜的蠕变形变、不可恢复形变和蠕变柔量，蠕变形变、不可恢复形变和蠕变柔量均随纳米纤维素纤维浓度的增加而减小。当纳米纤维素纤维的浓度达到或超过 20%时，蠕变形变、不可恢复形变和蠕变柔量反而随纳米纤维素纤维浓度的增加而增加。纳米纤维素纤维的添加能提高 PS/CNFs 膜的抗蠕变性能，且其抗蠕变性能随纳米纤维素纤维浓度的增加而增大，直至纳米纤维素纤维的含量达到 15%。

（3）Power law 模型能够很好地描述储能模量和角频率之间的关系（R^2 ＞0.981），同时 Burgers' 模型也能够很好的对 PS/CNFs 膜的蠕变行为进行拟合（R^2＞0.981）。

9.1.4　玉米芯纤维素纤维的理化性能表征

（1）微波辅助化学处理后得到的纤维素纤维，半纤维素的含量从 42.25% 降到了 10.68%，木质素的含量从 10.78% 降到了 2.21%，而纤维素的含量却从 40.16% 提升到了 86.18%，这表明微波辅助化学处理能够有效地去除原料中的半纤维素和木质素。

（2）微波辅助化学处理给样品的形态特征带来了非常明显的变化：未经处理的玉米芯表面非常粗糙，并含有大量杂质；而微波辅助化学处理后的样品则全部呈现出纤维状，纤维直径范围为 10～20 μm。

（3）纤维素纤维的结晶指数从 32.7% 增加到了 73%，但是微波辅助化学处理并没有破坏样品的晶体结构，其晶型的完整性得到了保留。

（4）玉米芯原料具有较差的热稳定性，其开始分解温度为 235 ℃，并且在 296 ℃ 处热分解速率达到最大；而微波辅助化学处理明显提高了样品的热稳定性，纤维素纤维的开始分解温度升到了 262 ℃，最快热分解速率在 341 ℃ 处。

9.2　研究创新点

（1）本书以甜菜渣为原料，利用高压均质技术制备了纳米纤维素纤维，并对其理化性能进行了研究。

（2）本书系统研究了纳米纤维素纤维对 PS/CNFs 膜微观结构、结晶度、亲水性、透水性、透光性和热稳定性等性能的影响，并利用流变学手段研究了纳米纤维素纤维对 PS/CNFs 膜力学性能的影响，并探明了纳米纤维素纤维对淀粉膜的作用机理。该部分研究为纳米纤维素纤维在生物复合材料领域的应用奠定了理论基础。

（3）本书以玉米芯为原料，采用微波辅助化学处理的方法制备了纤维素纤维。该部分研究为将来利用微波辐射制备纳米纤维素纤维提供了理论依据。

9.3　未来研究建议

纳米纤维素纤维具有优异的理化性能，已成为材料领域研究的一个热点和重点。无论是纳米纤维素纤维的工业化生产方面还是其应用方面，都存在着大量亟需我们去解决的问题。本书所开展的研究工作内容有限，仍有大量的后续研究工作去完成。

（1）建议继续完善以甜菜渣为原料的纳米纤维素纤维制备工艺，以期早日实现工业化连续生产；同时，建议将高压均质技术应用在其他生物质资源中，丰富纳米纤维素纤维的来源。

（2）老化特性是淀粉的一个重要性质，建议研究纳米纤维素纤维对PS/CNFs膜老化特性影响的研究。

（3）建议研究淀粉膜的降解性能。

（4）建议将纳米纤维素纤维应用在其他生物复合材料上，如聚乳酸、壳聚糖等。

参考文献

[1] 陈选. 氨基化纤维素的制备及其吸附和絮凝性能研究 [D]. 杭州：浙江理工大学，2018.

[2] 范子千，袁晔，沈青. 纳米纤维素研究及应用进展Ⅱ [J]. 高分子通报，2010（3）：40-60.

[3] 方贝贝，金属氧化物复合材料的制备及其对有机染料的吸附性能研究 [D]. 长春：吉林大学，2016.

[4] 冯礼明，黄业宇，郑定仙，等. 微生物纤维素食品"椰果"毒理学安全性评价 [J]. 中国热带医学，2015（6）：651-654.

[5] 高洁，汤列贵. 纤维素科学 [M]. 北京：科学出版社，1996.

[6] 郭瑞，丁恩勇. 纳米微晶纤维素胶体的流变性研究 [J]. 高分子材料科学与工程，2006（5）：125-127.

[7] 韩士群，杨莹，周庆，等. 蒸汽爆破对芦苇纤维及其木塑复合材料性能的影响 [J]. 南京林业大学学报（自然科学版），2017（1）：136-142.

[8] 何士成，孙曼钰，孙忠岩，等. 蒸汽爆破与碱法协同预处理对小麦秸秆结构及酶解的影响 [J]. 林产化学与工业，2017（5）：126-132.

[9] 胡翠茹. 季铵纤维素对苋菜红染料废水吸附特性及脱色研究 [D]. 合肥：合肥工业大学，2017.

[10] 蒋剑春. 生物质能源应用研究现状与发展前景 [J]. 林产化学与工业，2002（2）：75-80.

[11] 蒋志茵，杨茹，张建春. 大麻杆活性碳对染料吸附性能的研究 [J]. 北京化工大学学报（自然科学版），2010，34（2）：34-36.

［12］李萌，周欣悦，代孟富，等. 正交试验法优化提取甜菜渣纤维素工艺
　　　［J］. 浙江化工，2018，49（12）：23-27.

［13］李萌. 纳米纤维素纤维的制备及其应用的研究［D］. 北京：中国农业
　　　大学，2015.

［14］李伟，蔺树生，谭豫之等. 作物秸秆综合利用的创新技术［J］. 农业工
　　　程学报，2000（1）：14-17.

［15］李芸，庞二牛，陆泉芳. VMT/P（AMPS-co-AA）复合高吸水树脂及其
　　　对染料吸附性能的研究［J］. 精细化工，2015，11（6）：339-340.

［16］李宗红，潘远凤，肖惠宁，等. 改性纤维素对重金属吸附的研究进展
　　　［J］. 金属世界，2019（1）：36-41+51.

［17］林青雯. 纤维素基吸附剂的制备及其吸附性能研究［D］. 西安：陕西
　　　师范大学，2017.

［18］刘荣清. 纺织纤维发展和新型纤维应用［J］. 纺织器材，2018（2）：
　　　51-57.

［19］刘盛. 纤维素/壳聚糖基重金属吸附材料的制备及吸附性能的研究
　　　［D］. 南宁：广西大学，2015.

［20］孟佩佩，李琰. 改性纤维素对水体孔雀石绿的吸附动力学实验设计
　　　［J］. 广东化工，2017，44（7）：10-13.

［21］庞方亮. 木质纤维素/膨润土纳米复合材料的制备及性能研究［D］. 呼
　　　和浩特：内蒙古农业大学，2011.

［22］曲音波. 开发生物质资源实现可持续发展［J］. 科学新闻，1999（38）：
　　　23.

［23］师浩淳. 纤维素基复合吸附材料的制备及其应用［D］. 天津：大学，
　　　2014.

［24］石光，孙林，张力. 纳米微晶纤维素的硅烷偶联剂表面改性研究
　　　［A］. 2008 全国功能材料科技与产业高层论坛论文集［C］. 天津：2008
　　　全国功能材料科技与产业高层论坛，2008：451-453.

［25］司静，白腐真菌茸毛栓孔对偶氮染料刚果红脱色的研究［D］. 北京：

北京林业大学，2014.

[26] 唐婧，范开敏. 二乙烯三胺改性花生壳纤维素对水中刚果红的吸附
     [J]. 环境工程学报，2016，42（5）：755-764.

[27] 万学，赖星，周道宴，等. 改性烟草秸秆对水中刚果红的吸附和解析
     [J]. 环境工程学报，2016，22（8）：120-128.

[28] 王敏敏，薛振华，王丽. 羧甲基纤维素/有机蒙脱土纳米复合材料对刚
     果红的吸附与解吸性能［J］. 环境工程学报，2014，8（3）：1001-1006.

[29] 王涛. 产木糖醇酵母菌株的筛选及其对甜菜渣半纤维素水解液发酵的
     研究［J］. 福建农业，2015（4）：108-109.

[30] 王艳丹，龚志伟，王际辉，等. 油脂酵母利用果胶衍生物生产微生物油
     脂［A］. 中国食品科学技术学会第十一届年会论文摘要集［C］. 杭州：
     中国食品科学技术学会第十一届年会，2014：2.

[31] 吴德智，滕天天，杨波，等. 响应曲面法优化过氧甲酸提取竹子纤维素
     的工艺研究［J］. 中国造纸，2017（7）：9-13.

[32] 吴德智，张永吉，罗明明，等. 响应曲面试验优化在过氧甲酸中提取甘
     蔗渣纤维素的工艺研究［J］. 中国食品添加剂，2017（5）：163-168.

[33] 吴开丽. 纳米纤维素晶体的制备及其在制浆造纸中的应用［D］. 淄博：
     山东轻工业学院，2010.

[34] 徐威宇，彭洋洋，付时雨，等. 亚硫酸盐预处理棕榈鞘分级制备纳米纤
     维素［J］. 造纸科学与技术，2016（6）：6-11.

[35] 杨淑敏，孙丰强. α-Fe_2O_3 纳米颗粒的制备及其对曙红 B 的吸附性能
     研究［J］. 华南师范大学学报（自然科学版），2015，47（6）：52-57.

[36] 姚一军，王鸿儒. 纤维素化学改性的研究进展［J］. 材料导报，2018，
     32（19）：3478-3488.

[37] 岳新霞，俸海凤，林海涛，等. 蔗渣基吸附剂的制备及对刚果红的吸附
     性能［J］. 广西科技大学学报，2017，30（28）：240-258.

[38] 岳新霞，俸海凤，林海涛，等. 蔗渣基吸附剂的制备及对刚果红的吸附
     性能［J］. 广西科技大学学报，2017，30（28）：240-258.

［39］ 臧传峰. 纤维素基重金属吸附材料的制备及吸附性能研究［J］. 纺织导报, 2015, 25（9）: 54-56.

［40］ 詹怀宇, 李志强, 蔡再生. 纤维素化学与物理［M］. 北京: 科学出版社, 2005.

［41］ 张国有. 对中国新能源产业发展的战略思考［J］经济与管理研究, 2009（11）: 5-9.

［42］ 张志森, 杨诗斌, 宋明淦等. 高压均质机理分析与探讨［J］. 包装与食品机械, 2001（1）: 14-16.

［43］ 赵亚红, 薛振华, 王喜明, 等. 羧甲基纤维素/蒙脱土纳米复合材料对刚果红染料的吸附及解吸性能［J］化工学报, 2012, 63（8）: 2655-2660.

［44］ 赵亚红. 木质纤维素基纳米复合材料对刚果红染料吸附及解吸性能的研究［D］. 呼和浩特: 内蒙古农业大学, 2012.

［45］ 周建, 罗学刚, 苏林. 纤维素酶法水解的研究现状及展望［J］. 化工科技, 2006（2）: 51-56.

［46］ 朱仪玫, 方波, 卢拥军, 等. 环氧氯丙烷改性纤维素溶液的流变与减阻性能［J］. 钻井液与完井液, 2016, 33（6）: 95-100.

［47］ Abe K, Yano H. Comparison of the characteristics of cellulose microfibril aggregates of wood, rice straw and potato tuber［J］. Cellulose, 2009, 16(6): 1017-1023.

［48］ Acha B A, Reboredo M M, Marcovich N. E. Creep and dynamic mechanical behavior of PP-jute composites: Effect of the interfacial adhesion［J］. Composites Part A: Applied Science and Manufacturing, 2007, 38(6): 1507-1516.

［49］ Aifantis E. C. The physics of plastic deformation［J］. International Journal of Plasticity, 1987, 3(3): 211-247.

［50］ Alemdar A, Sain M. Biocomposites from wheat straw nanofibers: Morphology, thermal and mechanical properties［J］. Composites Science And Technology, 2008b, 68(2): 557-565.

[51] Alemdar A, Sain M. Isolation and characterization of nanofibers from agricultural residues-Wheat straw and soy hulls [J]. Bioresource Technology, 2008a, 99(6): 1664-1671.

[52] Angellier H, Molina-Boisseau S, Dole P, et al. Thermoplastic starch-waxy maize starch nanocrystals nanocomposites [J]. Biomacromolecules, 2006, 7(2): 531-539.

[53] Azizi Samir M. A S, Chazeau L, Alloin F, et al. POE-based nanocomposite polymer electrolytes reinforced with cellulose whiskers [J]. Electrochimica Acta, 2005, 50(19): 3897-3903.

[54] Azubuike C P, Rodriguez H, Okhamafe A O, et al. Physicochemical properties of maize cob cellulose powders reconstituted from ionic liquid solution [J]. Cellulose, 2012, 19(2): 425-433.

[55] Beck-Candanedo S, Roman M, Gray D. G. Effect of reaction conditions on the properties and behavior of wood cellulose nanocrystal suspensions [J]. Biomacromolecules, 2005, 6(2): 1048-1054.

[56] Bergshoef M M, Vancso G. J. Transparent nanocomposites with ultrathin, electrospun nylon-4, 6 fiber reinforcement [J]. Advanced Materials, 1999, 11(16): 1362-1365.

[57] Bledzki A K, Jaszkiewicz A. Mechanical performance of biocomposites based on PLA and PHBV reinforced with natural fibres-A comparative study to PP [J]. Composites Science and Technology, 2010, 70(12): 1687-1696.

[58] Bondeson D, Mathew A, Oksman K. Optimization of the isolation of nanocrystals from microcrystalline cellulose by acid hydrolysis [J]. Cellulose, 2006, 13(2): 171-180.

[59] Cao X, Chen Y, Chang P R, et al. Green composites reinforced with hemp nanocrystals in plasticized starch [J]. Journal of Applied Polymer Science, 2008, 109(6): 3804-3810.

［60］ Cao X, Dong H, Li C. M. New nanocomposite materials reinforced with flax cellulose nanocrystals in waterborne polyurethane ［J］. Biomacromolecules, 2007, 8(3): 899-904.

［61］ Cespi M, Bonacucina G, Mencarelli G, et al. Dynamic mechanical thermal analysis of hypromellose 2910 free films ［J］. European Journal of Pharmaceutics and Biopharmaceutics, 2011, 79(2): 458-463.

［62］ Chen C, Kuo W, Lai L. Mechanical and water vapor barrier properties of tapioca starch/decolorized hsian-tsao leaf gum films in the presence of plasticizer ［J］. Food Hydrocolloids, 2008, 22(8): 1584-1595.

［63］ Chen W, Yu H, Liu Y, et al. Individualization of cellulose nanofibers from wood using high-intensity ultrasonication combined with chemical pretreatments ［J］. Carbohydrate Polymers, 2011, 83(4): 1804-1811.

［64］ Cheng J, Su H, Zhou J, et al. Microwave-assisted alkali pretreatment of rice straw to promote enzymatic hydrolysis and hydrogen production in dark-and photo-fermentation ［J］. International Journal of Hydrogen Energy, 2011, 36(3): 2093-2101.

［65］ Cherian B M, Pothan L A, Nguyen-Chung T, et al. A novel method for the synthesis of cellulose nanofibril whiskers from banana fibers and characterization ［J］. Journal of Agricultural and Food Chemistry, 2008, 56(14): 5617-5627.

［66］ Chung Y, Hsi-Mei L. Properties of cast films made of HCl-methanol modified corn starch ［J］. Starch-Starke, 2007, 59(12): 583-592.

［67］ Corrêa A C, de Morais Teixeira E, Pessan L A, et al. Cellulose nanofibers from curaua fibers ［J］. Cellulose, 2010, 17(6): 1183-1192.

［68］ Cranston E D, Gray D. G. Morphological and optical characterization of polyelectrolyte multilayers incorporating nanocrystalline cellulose ［J］. Biomacromolecules, 2006, 7(9): 2522-2530.

［69］ Cui D, Gao H. Advance and prospect of bionanomaterials

〔J〕. Biotechnology Progress, 2005, 21(2): 650.

〔70〕 Curvelo A. A S, de Carvalho A. J F, Agnelli J. A. M. Thermoplastic starch-cellulosic fibers composites: Preliminary results 〔J〕. Carbohydrate Polymers, 2001, 45(2): 183-188.

〔71〕 Davidson P, Batail P, Gabriel J. C P, et al. Mineral liquid crystalline polymers 〔J〕. Progress in Polymer Science, 1997, 22(5): 913-936.

〔72〕 de la Hoz A, Diaz-Ortiz A, Moreno A. Microwaves in organic synthesis. Thermal and non-thermal microwave effects 〔J〕. Chemical Society Reviews, 2005, 34(2): 164-178.

〔73〕 de Morais Teixeira E, Corrêa A C, Manzoli A, et al. Cellulose nanofibers from white and naturally colored cotton fibers 〔J〕. Cellulose, 2010, 17(3): 595-606.

〔74〕 de Souza Lima M. M. B. Rodlike cellulose microcrystals: Structure, properties, and applications 〔J〕. Macromolecular Rapid Communications, 2004, 25(7): 771-787.

〔75〕 Del Nobile M A, Chillo S, Mentana A, et al. Use of the generalized Maxwell model for describing the stress relaxation behavior of solid-like foods 〔J〕. Journal of Food Engineering, 2007, 78(3): 978-983.

〔76〕 Dias A B, Muller C, Larotonda F, er al. Mechanical and barrier properties of composite films based on rice flour and cellulose fibers 〔J〕. LWT-Food Science and Technolog, 2011, 44(2): 535-542.

〔77〕 Didenko Y T, Suslick K. S. Chemical aerosol flow synthesis of semiconductor nanoparticles 〔J〕. Journal of the American Chemical Society, 2005, 127(35): 12196-12197.

〔78〕 Dong X M, Revol J, Gray D. G. Effect of microcrystallite preparation conditions on the formation of colloid crystals of cellulose 〔J〕. Cellulose, 1998, 5(1): 19-32.

〔79〕 Dubief D, Samain E, Dufresne A. Polysaccharide microcrystals reinforced amorphous poly (β-hydroxyoctanoate) nanocomposite materials ［J］. Macromolecules, 1999, 32(18): 5765-5771.

［80］ Dufresne A. Comparing the mechanical properties of high performances polymer nanocomposites from biological sources ［J］. Journal of Nanoscience and Nanotechnology, 2006, 6(2): 322-330.

［81］ Elanthikkal S, Gopalakrishnapanicker U, Varghese S, et al. Cellulose microfibres produced from banana plant wastes: Isolation and characterization ［J］. Carbohydrate Polymers, 2010, 80(3): 852-859.

［82］ Famá L, Rojas A M, Goyanes S, et al. Mechanical properties of tapioca-starch edible films containing sorbates［J］. LWT-Food Science and Technology, 2005, 38(6): 631-639.

［83］ Faruk O, Bledzki A K, Fink H, et al. Biocomposites reinforced with natural fibers: 2000-2010 ［J］. Progress in Polymer Science, 2012, 37(11): 1552-1596.

［84］ Favier V, Chanzy H, Cavaille J. Y. Polymer nanocomposites reinforced by cellulose whiskers ［J］. Macromolecules, 1995, 28(18): 6365-6367.

［85］ Findley W N, Lai J S, Onaran K. Creep and relaxation of nonlinear viscoelastic materials: With an introduction to linear viscoelasticity ［M］. New York: Dover Publication, Inc, 1989.

［86］ Fink H P, Walenta E. X-ray diffraction investigations of cellulose supermolecular structure at processing ［J］. Papier, 1994, 48(12): 739-748.

［87］ Fu Z, Wang L, Li D, et al. Effects of high-pressure homogenization on the properties of starch-plasticizer dispersions and their films ［J］. Carbohydrate Polymers, 2011, 86(1): 202-207.

［88］ Gabriel J. C P, Davidson P. New trends in colloidal liquid crystals based on mineral moieties ［J］. Advanced Materials, 2000, 12(1): 9-20.

［89］ Gao X, Jiang L. Biophysics: water-repellent legs of water striders ［J］. Nature, 2004, 432(7013): 36.

［90］ Garcia De Rodriguez N L, Thielemans W, Dufresne A. Sisal cellulose whiskers reinforced polyvinyl acetate nanocomposites ［J］. Cellulose, 2006, 13(3): 261-270.

［91］ Gardner D J, Oporto G S, Mills R, et al. Adhesion and surface issues in cellulose and nanocellulose ［J］. Journal of Adhesion Science and Technology, 2008, 22(5-6): 545-567.

［92］ Gatenholm P, Rindlav C, Hulleman S. H. D. Formation of starch films with varying crystallinity ［J］. Carbohydrate Polymers, 1997, 34(1): 25-30.

［93］ Gontard N, Guilbert S, Cuq J. Edible wheat gluten films: influence of the main process variables on film properties using response surface methodology ［J］. Journal of Food Science, 1992, 57(1): 190-195.

［94］ Ha S H, Mai N L, An G, et al. Microwave-assisted pretreatment of cellulose in ionic liquid for accelerated enzymatic hydrolysis ［J］. Bioresource Technology, 2011, 102(2): 1214-1219.

［95］ Hamad W. On the development and applications of cellulosic nanofibrillar and nanocrystalline materials ［J］. The Canadian Journal of Chemical Engineering, 2006, 84(5): 513-519.

［96］ Hayashi N, Kondo T, Ishihara M. Enzymatically produced nano-ordered short elements containing cellulose Iβ crystalline domains ［J］. Carbohydrate Polymers, 2005, 61(2): 191-197.

［97］ Heuser E. The chemistry of cellulose ［M］. New York: John Wiley & Sons, 1944

［98］ Hornsby P R, Hinrichsen E, Tarverdi K. Preparation and properties of polypropylene composites reinforced with wheat and flax straw fibres: Part I Fibre characterization ［J］. Journal of Materials Science, 1997, 32(2): 443-449.

［99］ Hu Z, Wen Z. Enhancing enzymatic digestibility of switchgrass by microwave-assisted alkali pretreatment ［J］. Biochemical Engineering Journal, 2008, 38(3)2008. 369-378

［100］ Iijima S. (1991). Helical microtubules of graphitic carbon ［J］. Nature, 354(6348), 56-58.

［101］ Inomata K, Ohara N, Shimizu H, et al. Phase behaviour of rod with flexible side chains/coil/solvent systems: Poly(α, l-glutamate)with tri(ethylene glycol)side chains, poly(ethylene glycol), and dimethylformamide ［J］. Polymer, 1998, 39(15): 3379-3386.

［102］ Iwamoto S, Nakagaito A N, Yano H, et al. Optically transparent composites reinforced with plant fiber-based nanofibers ［J］. Applied Physics A, 2005, 81(6): 1109-1112.

［103］ Jia Y, Peng K, Gong X, et al. Creep and recovery of polypropylene/carbon nanotube composites ［J］. International Journal of Plasticity, 2011, 27(8): 1239-1251.

［104］ Jin H, Kettunen M, Laiho A, et al. Superhydrophobic and superoleophobic nanocellulose aerogel membranes as bioinspired cargo carriers on water and oil ［J］. Langmuir, 2011, 27(5): 1930-1934.

［105］ Johar N, Ahmad I, Dufresne A. Extraction, preparation and characterization of cellulose fibres and nanocrystals from rice husk ［J］. Industrial Crops and Products, 2012, 37(1): 93-99.

［106］ Jonoobi M, Harun J, Mathew A P, et al. Preparation of cellulose nanofibers with hydrophobic surface characteristics ［J］. Cellulose, 2010, 17(2): 299-307.

［107］ Jung R, Kim Y, Kim H S, et al. Antimicrobial properties of hydrated cellulose membranes with silver nanoparticles ［J］. Journal of Biomaterials Science-Polymer Edition, 2009, 20(3): 311-324.

［108］ Kaliyan N, Morey R. V. Densification characteristics of corn cobs ［J］. Fuel Processing Technology, 2010, 91(5): 559-565.

［109］Kaliyan N, Vance Morey R. Factors affecting strength and durability of densified biomass products ［J］. Biomass and Bioenergy, 2009, 33(3): 337-359.

［110］Kaushik A, Singh M. Isolation and characterization of cellulose nanofibrils from wheat straw using steam explosion coupled with high shear homogenization［J］. Carbohydrate Research, 2011, 346(1): 76-85.

［111］Keerati-U-Rai M, Corredig M. Effect of dynamic high pressure homogenization on the aggregation state of soy protein ［J］. Journal of Agricultural and Food Chemistry, 2009, 57(9): 3556-3562.

［112］Khan G, Palash S, Alam M S, et al. Isolation and characterization of betel nut leaf fiber: Its potential application in making composites［J］. Polymer Composites, 2012, 33(5): 764-772.

［113］Kontturi E, Thüne P C, Alexeev A, et al. Introducing open films of nanosized cellulose—atomic force microscopy and quantification of morphology ［J］. Polymer, 2005, 46(10): 3307-3317.

［114］Krempl E, Khan F. Rate(time)-dependent deformation behavior: An overview of some properties of metals and solid polymers ［J］. International Journal of Plasticity, 2003, 19(7): 1069-1095.

［115］Krishnaprasad R, Veena N R, Maria H J, et al. Mechanical and thermal properties of bamboo microfibril reinforced polyhydroxybutyrate biocomposites ［J］. Journal of Polymers and the Environment, 2009, 17(2): 109-114.

［116］Langan P, Nishiyama Y, Chanzy H. X-ray structure of mercerized cellulose Ⅱ at 1 Å resolution ［J］. Biomacromolecules, 2001, 2(2): 410-416.

［117］Lawal O S, Adebowale K O, Ogunsanwo B M, et al. Oxidized and acid thinned starch derivatives of hybrid maize: functional characteristics, wide-angle X-ray diffractometry and thermal properties［J］. International

Journal of Biological Macromolecules, 2005, 35(1-2): 71-79.

[118] Lee C L, Wan C C, Wang Y. Y. Synthesis of metal nanoparticles via self-regulated reduction by an alcohol surfactant [J]. Advanced Functional Materials, 2001, 11(5): 344-347.

[119] Lee S, Chun S, Kang I, et al. Preparation of cellulose nanofibrils by high-pressure homogenizer and cellulose-based composite films [J]. Journal of Industrial and Engineering Chemistry, 2009, 15(1): 50-55.

[120] Li J, Wei X, Wang Q, et al. Homogeneous isolation of nanocellulose from sugarcane bagasse by high pressure homogenization [J]. Carbohydrate Polymers, 2012, 90(4): 1609-1613.

[121] Li L S, Alivisatos A. P. Semiconductor nanorod liquid crystals and their assembly on a substrate [J]. Advanced Materials, 2003, 15(5): 408-411.

[122] Li L, Walda J, Manna L, et al. Semiconductor nanorod liquid crystals [J]. Nano Letters, 2002, 2(6): 557-560.

[123] Li M, Wang L, Li D, et al. Preparation and characterization of cellulose nanofibers from de-pectinated sugar beet pulp [J]. Carbohydrate Polymers, 2014(102): 136-143.

[124] Liu C, Sun R, Zhang A, et al. Preparation of sugarcane bagasse cellulosic phthalate using an ionic liquid as reaction medium [J]. Carbohydrate Polymers, 2007, 68(1): 17-25.

[125] Liu L, Jiang T, Yao J. M. A two-step chemical process for the extraction of cellulose fiber and pectin from mulberry branch bark efficiently [J]. Journal of Polymers and the Environment, 2011, 19(3): 568-573.

[126] Ljungberg N, Bonini C, Bortolussi F, et al. New nanocomposite materials reinforced with cellulose whiskers in atactic polypropylene: Effect of surface and dispersion characteristics [J]. Biomacromolecules, 2005, 6(5): 2732-2739.

［127］Lu H, Gui Y, Zheng L, et al. Morphological, crystalline, thermal and physicochemical properties of cellulose nanocrystals obtained from sweet potato residue ［J］. Food Research International, 2013, 50(1): 121-128.

［128］Lu Y, Weng L, Cao X. Biocomposites of plasticized starch reinforced with cellulose crystallites from cottonseed linter ［J］. Macromolecular Bioscience, 2005, 5(11): 1101-1107.

［129］Mathew A P, Dufresne A. Morphological investigation of nanocomposites from sorbitol plasticized starch and tunicin whiskers ［J］. Biomacromolecules, 2002, 3(3): 609-617.

［130］Menard K. P. Chapter 7: Frequency scans. In Kevin. P. Menard(Ed), Dynamic mechanical analysis: A practical introduction ［M］. USA: CRC Press. 1999. 160-180

［131］Mendieta-Taboada O, Sobral P. J. D A, Carvalho R A, et al. Thermomechanical properties of biodegradable films based on blends of gelatin and poly(vinyl alcohol) ［J］. Food Hydrocolloids, 2008, 22(8): 1485-1492.

［132］Milkowski K, Clark J H, Doi S. New materials based on renewable resources: Chemically modified highly porous starches and their composites with synthetic monomers ［J］. Green Chemistry, 2004, 6(4): 189-190.

［133］Miller K, Krochta J. Oxygen and aroma barrier properties of edible films: A review ［J］. Trends in Food Science and Technology, 1997, 8(7): 228-237.

［134］Morán J I, Alvarez V A, Cyras V P, et al. Extraction of cellulose and preparation of nanocellulose from sisal fibers ［J］. Cellulose, 2008, 15(1): 149-159.

［135］Müller C. M O, Laurindo J B, Yamashita F. Effect of cellulose fibers on the crystallinity and mechanical properties of starch-based films at different relative humidity values [J]. Carbohydrate Polymers, 2009, 77(2): 293-299.

[136] Muscat D, Adhikari R, McKnight S, et al. The physicochemical characteristics and hydrophobicity of high amylose starch-glycerol films in the presence of three natural waxes [J]. Journal Of Food Engineering, 2013, 119(2): 205-219.

[137] Nafchi A M, Alias A K, Mahmud S, et al. Antimicrobial, rheological, and physicochemical properties of sago starch films filled with nanorod-rich zinc oxide [J]. Journal of Food Engineering, 2012, 113(4): 511-519.

[138] Nasri-Nasrabadi B, Behzad T, Bagheri R. Extraction and characterization of rice straw cellulose nanofibers by an optimized chemomechanical method [J]. Journal of Applied Polymer Science, 2014, 131(7).

[139] Nishiyama Y, Sugiyama J, Chanzy H, et al. Crystal structure and hydrogen bonding system in cellulose I from synchrotron X-ray and neutron fiber diffraction [J]. Journal of the American Chemical Society, 2003, 125(47): 14300-14306.

[140] Nogi M, Iwamoto S, Nakagaito A N, et al. Optically transparent nanofiber paper [J]. Advanced Materials, 2009, 21(16): 1595-1598.

[141] Nogi M, Yano H. Transparent nanocomposites based on cellulose produced by bacteria offer potential innovation in the electronics device industry [J]. Advanced Materials, 2008, 20(10): 1849-1852.

[142] Orozco A M, Al-Muhtaseb A H, Albadarin A B, et al. Acid-catalyzed hydrolysis of cellulose and cellulosic waste using a microwave reactor system [J]. RSC Advances, 2011, 1(5): 839-846.

[143] Pääkkö M, Vapaavuori J, Silvennoinen R, et al. Long and entangled native cellulose I nanofibers allow flexible aerogels and hierarchically porous templates for functionalities [J]. Soft Matter, 2008, 4(12): 2492-2499.

［144］Pandey A, Soccol C R, Nigam P, et al. Biotechnological potential of agro-industrial residues. I: Sugarcane bagasse ［ J ］. Bioresource Technology, 2000, 74(1): 69-80.

［145］Pandini S, Passera S, Messori M, et al. Two-way reversible shape memory behaviour of crosslinked poly(ε-caprolactone) ［J］. Polymer, 2012, 53(9): 1915-1924.

［146］Phan The D, Debeaufort F, Voilley A, et al. Biopolymer interactions affect the functional properties of edible films based on agar, cassava starch and arabinoxylan blends ［J］. Journal of Food Engineering, 2009, 90(4): 548-558.

［147］Ramzi M, Borgström J, Piculell L. Effects of added polysaccharides on the isotropic/nematic phase equilibrium of kappa-carrageenan ［J］. Macromolecules, 1999, 32(7): 2250-2255.

［148］Ratanakamnuan U, Atong D, Aht-Ong D. Cellulose esters from waste cotton fabric via conventional and microwave heating ［J］. Carbohydrate Polymers, 2012, 87(1): 84-94.

［149］Sain M, Panthapulakkal S. Bioprocess preparation of wheat straw fibers and their characterization［J］. Industrial Crops And Products, 2006, 23(1): 1-8.

［150］Saito T, Kimura S, Nishiyama Y, et al. Cellulose nanofibers prepared by tempo-mediated oxidation of native cellulose ［J］. Biomacromolecules, 2007, 8(8): 2485-2491.

［151］Sakurada I, Nukushina Y, Ito T. Experimental determination of the elastic modulus of crystalline regions in oriented polymers ［J］. Journal of Polymer Science. Part A: Polymer Chemistry, 1962, 57(165): 651-660.

［152］Sarko A, Southwick J, Hayashi J. Packing analysis of carbohydrates and polysaccharides. 7. Crystal structure of cellulose IIII and its relationship to other cellulose polymorphs ［ J ］. Macromolecules, 1976, 9(5):

857-863.

[153] Satyanarayana K G, Arizaga G. G C, Wypych F. Biodegradable composites based on lignocellulosic fibers—An overview [J]. Progress in Polymer Science, 2009, 34(9): 982-1021.

[154] Seabra A B, Bernardes J S, Fávaro W J, et al. Cellulose nanocrystals as carriers in medicine and their toxicities: A review [J]. Carbohydrate Polymers, 2018(181): 514-527.

[155] Segal L, Creely J J, Martin A E, et al. An empirical method for estimating the degree of crystallinity of native cellulose using the X-ray diffractometer [J]. Textile Research Journal, 1959, 29(10): 786-794

[156] Sehaqui H, Berglund L A, Zhou Q. Nanostructured biocomposites of high toughness-a wood cellulose nanofiber network in ductile hydroxyethylcellulose matrix [J]. Soft Matter, 2011, 7(16): 7342-7350.

[157] Shi A, Li B, Li D, et al. Preparation of starch-based nanoparticles through high-pressure homogenization and miniemulsion cross-linking: Influence of various process parameters on particle size and stability [J]. Carbohydrate Polymers, 2011, 83(4): 1604-1610.

[158] Shi A, Wang L, Li D, et al. Characterization of starch films containing starch nanoparticles: Part 1: Physical and mechanical properties [J]. Carbohydrate Polymers, 2013, 96(2): 593-601.

[159] Shin H K, Jeun J P, Kim H B, et al. Isolation of cellulose fibers from kenaf using electron beam [J]. Radiation Physics and Chemistry, 2012, 81(8): 936-940.

[160] Siqueira G, Fraschini C, Bras J, et al. Impact of the nature and shape of cellulosic nanoparticles on the isothermal crystallization kinetics of poly(ε-caprolactone) [J]. European Polymer Journal, 2011, 47(12): 2216-2227.

[161] Somerville C, Bauer S, Brininstool G, et al. Toward a systems approach

to understanding plant-cell walls〔J〕. Science, 2004, 306(5705): 2206-2211.

〔162〕 Stupp S I, Braun P. V. Molecular manipulation of microstructures: biomaterials, ceramics, and semiconductors〔J〕. Science, 1997, 277(5330): 1242-1248.

〔163〕 Šturcová A, Davies G R, Eichhorn S. J. Elastic modulus and stress-transfer properties of tunicate cellulose whiskers〔J〕. Biomacromolecules, 2005, 6(2): 1055-1061.

〔164〕 Sun R C, Tomkinson J, Wang Y. X, et al. Physico-chemical and structural characterization of hemicelluloses from wheat straw by alkaline peroxide extraction〔J〕. Polymer, 2000, 41(7): 2647-2656.

〔165〕 Sun X F, Xu F, Sun R C, et al. Characteristics of degraded cellulose obtained from steam-exploded wheat straw〔J〕. Carbohydrate Research, 2005, 340(1): 97-106.

〔166〕 Tadmor Z, Gogos C. G. Principles of polymer processing〔M〕. New York: John Wiley and Sons. 1979, 425.

〔167〕 Terech P, Chazeau L, Cavaille J. Y. A small-angle scattering study of cellulose whiskers in aqueous suspensions〔J〕. Macromolecules, 1999, 32(6): 1872-1875.

〔168〕 Thiripura Sundari M, Ramesh A. Isolation and characterization of cellulose nanofibers from the aquatic weed water hyacinth—Eichhornia crassipes〔J〕. Carbohydrate Polymers, 2012, 87(2): 1701-1705.

〔169〕 Toledano-Thompson T, Loría-Bastarrachea M I, Aguilar-Vega M. J. Characterization of henequen cellulose microfibers treated with an epoxide and grafted with poly(acrylic acid)〔J〕. Carbohydrate Polymers, 2005, 62(1): 67-73.

〔170〕 Tonoli G. H D, Teixeira E M, Corrêa A C, et al. Cellulose micro/nanofibres from Eucalyptus kraft pulp: Preparation and properties

［J］. Carbohydrate Polymers, 2012, 89(1): 80-88.

［171］ Turner M B, Spear S K, Holbrey J D, et al. Production of bioactive cellulose films reconstituted from ionic liquids ［J］. Biomacromolecules, 2004, 5(4): 1379-1384.

［172］ Van Soest P J, Use of detergents in the analysis of fibrous feeds. Ⅱ. A rapid method for the determination of fiber and lignin ［J］. Journal of the Association of Official Analytical Chemists, 1963, 46, 829-835.

［173］ Van Soest P J, Wine R H, Use of detergents in the analysis of fibrous feeds. Ⅳ. Determination of plant cell-wall constituents ［J］. Journal of the Association of Official Analytical Chemists, 1967, 50, 50-55.

［174］ Vroege G J, Thies-Weesie D. M E, Petukhov A. V, et al. Smectic liquid-crystalline order in suspensions of highly polydisperse goethite nanorods ［J］. Advanced Materials, 2006, 18(19): 2565-2568.

［175］ Wang B, Li D, Wang L, et al. Effect of high-pressure homogenization on microstructure and rheological properties of alkali-treated high-amylose maize starch ［J］. Journal of Food Engineering, 2012, 113(1): 61-68.

［176］ Wang B, Sain M, Oksman K. Study of structural morphology of hemp fiber from the micro to the nanoscale ［J］. Applied Composite Materials, 2007, 14(2): 89-103.

［177］ Wang L, Han G, Zhang Y. Comparative study of composition, structure and properties of Apocynum venetum fibers under different pretreatments ［J］. Carbohydrate Polymers, 2007, 69(2): 391-397.

［178］ Wang Y, Iqbal Z, Mitra S. Rapidly functionalized, water-dispersed carbon nanotubes at high concentration ［J］. Journal of the American Chemical Society, 2006, 128(1): 95-99.

［179］ Wang Z D, Zhao X. X. Modeling and characterization of viscoelasticity of PI/SiO2 nanocomposite films under constant and fatigue loading ［J］. Materials Science and Engineering: A, 2008, 486(1-2): 517-527.

［180］ Xiao B, Sun X F, Sun R. Chemical, structural, and thermal characterizations of alkali-soluble lignins and hemicelluloses, and cellulose from maize stems, rye straw, and rice straw ［J］. Polymer Degradation and Stability, 2001, 74(2): 307-319.

［181］ Yang J, Zhang Z, Schlarb A K, et al. On the characterization of tensile creep resistance of polyamide 66 nanocomposites. Part I. Experimental results and general discussions ［J］. Polymer, 2006, 47(8): 2791-2801.

［182］ Yano H, Sugiyama J, Nakagaito A N, et al. Optically transparent composites reinforced with networks of bacterial nanofibers ［J］. Advanced Materials, 2005, 17(2): 153-155.

［183］ Ye D, Farriol X. Factors influencing molecular weights of methylcelluloses prepared from annual plants and juvenile eucalyptus ［J］. Journal of Applied Polymer Science, 2006, 100(3): 1785-1793.

［184］ Zhu M, Bandyopadhyay-Ghosh S, Khazabi M, et al. Reinforcement of soy polyol-based rigid polyurethane foams by cellulose microfibers and nanoclays ［J］. Journal of Applied Polymer Science, 2012, 124(6): 4702-4710.

［185］ Zhu S, Wu Y, Yu Z, et al. Microwave-assisted alkali pre-treatment of wheat straw and its enzymatic hydrolysis ［J］. Biosystems Engineering, 2006a, 94(3): 437-442.

［186］ Zhu S, Wu Y, Yu Z, et al. Pretreatment by microwave/alkali of rice straw and its enzymic hydrolysis ［J］. Process Biochemistry, 2005a, 40(9): 3082-3086.

［187］ Zhu S, Wu Y, Yu Z, et al. Simultaneous saccharification and fermentation of microwave/alkali pre-treated rice straw to ethanol ［J］. Biosystems Engineering, 2005b, 92(2): 229-235.

［188］ Zhu S, Wu Y, Yu Z, et al. The effect of microwave irradiation on enzymatic hydrolysis of rice straw ［J］. Bioresource Technology, 2006b, 97(15): 1964-1968.